KB273195

초등학교를
읽어드립니다

초등학교를 읽어드립니다

김성효 지음

라이프 앤 페이지
Life & Page

학교가 예측 가능한 곳이 된다면

"선생님, 제가 담임선생님에게 저희 아이에 대해 궁금했던 걸 여쭤보면 실례가 될까요? 요즘은 교육활동 보호다, 뭐다 해서 전보다 물어보기가 더 어려워졌어요. 아이 학교생활이 많이 궁금하긴 한데, 뭘 어떻게 언제 물어봐야 될지 잘 모르겠어요."

전에 어떤 학부모를 만났는데, 이런 말씀을 하시더라고요. 순간 '아, 학부모 입장에서는 이렇게 뭘 물어보기가 조심스럽구나' 느꼈습니다.

사실 제가 만났던 학부모는 대부분 좋은 분이었고, 닮고 싶고 배우고 싶은 마음이 느껴질 정도로 훌륭한 분도 많았습니다. 제가 만났던 학부모들처럼 대한민국의 대다수 학부모는 그저 아이에 대해 궁금하고, 잘 지낼지 고민하고 걱정하는 평범한 부모인 것이지요.

교사들도 이런 부분을 잘 알고 있지만, 그럼에도 두렵고 걱정스러운 마음이 드는 것도 사실입니다. 저 역시도 그렇고요. 솔직히 뉴스에 나오는 어마어마한 사례들을 보면 저조차도 두려운 마음이 들곤 합니다. 학교에서 교감으로 5년 차, 교육자로서 살아온 세월만 해도 29년 차인데 말입니다.

학교에서 제가 교감이고 교육자라면, 집에 오면 저도 자녀 둘을 키우는 평범한 학부모입니다. 아이가 공부를 잘했으면 좋겠고, 행복했으면 좋겠고, 친구들하고 잘 지내주면 좋겠습니다. 학부모라면 누구나 그렇지 않을까요? 다 똑같은 마음일 거라고 저는 믿습니다.

이 각박한 시대를 살아가는 학생들의 학부모이기에 저 역시 학부모로서 불안감이 당연히 있습니다. 그런데 그 이면엔 '그래도 학교가 우리 아이를 위해서 나름의 노력을 기울이고 있겠지' 하는 기대감도 있습니다. '나는 얼굴도 잘 모르지만, 보이지 않는 곳에서 교사들이 우리 아이를 위해서 애써 가르치고 있겠지' 하는 기대감 말입니다.

때로는 친구들 사이에서 아이가 억울하고 화날 때도 있

겠지요. 하지만 그 역시 아이의 성장과정에서 벌어질 수 있는 일이라는 생각도 있습니다. 학교는 본래 그런 곳이니까요. 이게 교육자로서 오래 학교에 몸담아온 저의 마음이고 신념입니다. 이런 마음을 좀 더 세심하게 정리하면 이렇게 표현할 수 있을 겁니다.

학교가 예측 가능한 곳이 된다면 어떨까.

이건 이렇게 되겠구나, 저건 저렇게 되겠지, 이렇게 학교가 학부모가 충분히 예측할 수 있는 곳이라면 어떨까 생각해봅니다. 그럼 아이를 학교에 보낸 다음 스멀스멀 올라오는 불안감도 줄어들 거고, 막연하게나마 희망과 기대도 품을 수 있지 않을까 하고요. 학교에 다녀온 아이가 밝고 환하게 미소라도 짓는다면 그 기대는 막연한 것에서 분명하고 확실한 것으로 바뀔 거고요.

교육자로서 긴 시간을 살아온 제가 아는 학교는 매일 조금씩 변화하는 유기적인 생물체와 같습니다. 매일 조금씩 성장하기도 하고, 때론 퇴보하기도 하고, 또 때론 과감하게 변화하려고 노력하기도 합니다. 더디고 오래 걸릴지는 몰라도 나무처럼 조금씩은 성장하고 있습니다.

제가 어릴 때 다녔던 초등학교와 지금 우리 아이들이 다니는 초등학교는 하늘과 땅만큼이나 다릅니다. 환경만 다른 게 아니라 교사도 다르고, 교과서도 다르고, 정책과 제도도 다릅니다. 우리는 보통 우리가 경험하고 알고 있는 것을 기준으로 현재의 것들을 판단하곤 합니다. 어쩌면 학교는 억울할지도 모릅니다. 나름 열심히 노력하고 있고, 애쓰고 있는데 말이에요.

오랜 시간 학교에 있었지만, 저는 요즘도 가끔 학교가 궁금합니다. 고개를 갸우뚱하면서 '이건 뭐지?' 싶을 때도 있습니다. '교육청에선 왜 이런 정책을 펴는 걸까' 답답할 때도 그렇고, '어떻게 해야 학부모와 교사가 서로를 더 잘 이해할 수 있을까' 한숨이 나올 때도 그렇고, 왜 '요즘 아이들'이란 말이 나오는지 알 것 같을 때, 이런 것들 말고도 수많은 순간 생각합니다. '학교가 참 궁금하다'라고요.

제가 그럴진대, 여러분은 말할 것도 없겠지요. 저는 학교 안에 있어도 학교가 궁금한데, 학교 밖에서 학교를 바라보고 아이의 눈과 귀와 입을 통해서 알게 되는 학교의 모습은 또 얼마나 다르고, 또 얼마나 궁금할까요.

이 책은 그런 우리 모두를 위해서 쓴 책입니다. 학교에서 만나게 되는 모든 구성원들이 서로에게 조금만 더 따뜻하게, 조금만 더 다정하게, 조금만 더 친절하게 다가서면 어떨까 하는 마음을 담았습니다.

잘 알지 못하는데 서로에게 친절해지기란 매우 어렵습니다. 서로 조금씩 알아가기 위해 노력하는 것이 인간관계인 것처럼 말입니다.

학교에 대한 조금은 친절한 사용설명서나 일종의 매뉴얼 같은 게 있으면 학부모도 조금은 덜 불안하지 않을까 생각하곤 했습니다. 다른 무엇보다 학부모와 교사가 아이를 위해 서로의 마음을 열고 마주할 수 있다면 그보다 더 좋은 것도 없을 텐데 말입니다.

이 책이 그런 징검다리가 되어주면 좋겠습니다. 이 차갑고 냉엄한 시대를 살아가는 우리 모두에게 따뜻한 디딤돌이 되어서 서로를 향해 손을 내밀 수 있는 마음을 품을 수 있다면 좋겠습니다. 그러려면 아무래도 서로를 조금 더 잘 이해하기 위해 노력을 해야겠지요. 모두가 똑같이 한 발짝씩 다가선다면 결국은 언젠가 서로 부드럽게 마주하는 날도 오지 않을까요.

누가 저에게 교육이 뭐라고 생각하냐 묻는다면 전 이렇게 말할 것 같습니다.

‘그럼에도 희망을 품는 것’이라고 말입니다.

끝으로 부족한 원고를 긴 시간 기다려주신 라이프앤페이지 출판사에 깊은 고마움을 전합니다. 감사합니다.

김성효

차 례

1부   학교가 궁금합니다

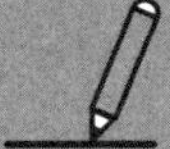

학부모들이 학교에 대해 자주 묻는
질문을 구체적으로 다뤘습니다.
예전과 많이 달라진
초등학교를 이해하시는 데에
도움이 되길 바랍니다.

학교가 궁금합니다

공개수업은
왜 하는 건가요?

전에 교실로 공개수업을 보러 오셨던 학부모가 이런 이야기를 하시더라고요.

"우리 아이는 평소 수줍음을 많이 타서 친구들과 못 어울리는 게 아닌가 걱정을 많이 했는데, 실제 수업하는 걸 보니까 아이가 뜻밖에도 너무 잘 지내주는 것 같아서 마음이 놓였어요."

그 전에도 여러 번 잘 있다고 말씀드렸지만, 부모 마음으로는 잘 지내는 아이의 모습을 직접 보고 나서야 한결 마음이 놓였던 것이지요. 아무래도 백 번 말로 듣는 것보다 직접 내 눈으로 한 번 보고 나면 안심이 되는 게 부모 마음일 겁니다. 기회가 된다면 교실에서 아이들 수업하는 모습을 꼭 직접 보시면 좋겠습니다.

우리 학교를 기준으로 말하면 모든 교사가 학부모를 대상으로 공개수업을 합니다. 1학년부터 6학년까지, 그리고 교과전담 교사들도 모두 말입니다. 대부분 학교에선 학년별로 공개하는 시각을 나눠서 진행하기 때문에 자녀가 둘인 경우에도 학부모가 수업을 모두 참관할 수 있도록 배려하고 있습니다.

아이 공개수업에 가면 뭘 봐야 하나요?

보통의 수업은 학생들의 흥미를 불러일으키기 위한 동기유발, 학습목표 제시, 목표에 도달하기 위한 몇 가지 활동, 학습내용 정리하기 등의 단계로 이루어집니다. 이건 가장 일반적인 수업 단계를 이해하기 쉽도록 간단하게 설명한 것일 뿐입니다. 이런 활동들이 다양하게 변주되는 게 교사들의 수업입니다.

어떤 교사는 학습목표에 도달하기 위해서 토론이나 토의를 하게 하기도 하고, 어떤 교사는 인터뷰나 연극을 하게 하기도 합니다. 또 어떤 교사는 노래를 부르거나 춤을 추게 하기도 합니다. 모두가 교사의 구상과 아이디어로 이루어지는 만큼 교사들의 전문적인 역량을 엿볼 수 있는 부분이기도 하지요.

　아이들과 교사의 관계는 아이의 학교생활에 절대적인 위치를 차지합니다. 아이가 안전하고 건강하게 관계를 맺고 있으면 교사에게 때론 의지하고 때론 독립적인 주장을 하기도 하고, 때론 자기표현도 하면서 아이는 성장합니다. 이런 모습을 엿볼 수 있는 것이 공개수업입니다.

① 수업에서 아이가 적극적으로 참여하고 있는지, 소극적으로 시큰둥해하면서 참여하는지, 하기 싫은 걸 억지로 하고 있는 것 같진 않은지

② 주변 친구들과의 관계는 어떠해 보이는지, 즐거워 보이는지, 당황스러워 하는지, 쭈뼛거리는지

③ 교사의 지시를 잘 이해하는지, 교사의 안내에 잘 따르는지, 딴짓을 하다가 놓치는 것은 아닌지, 잘 모르는 부분에선 질문을 할 수 있는지, 질문을 하지 않고 궁금해하면서도 그냥 지나치는지

④ 준비물이나 과제 등을 성실하게 해가는지, 대충 친구들 물건을 빌려 쓰는 건 아닌지, 미처 못 따라가고

있는 건 아닌지

⑤ 아이가 수업시간 내내 교사를 주목하는지, 교사를 보지 않고 딴 곳을 쳐다보면서 장난을 치거나 떠들진 않는지, 교사의 안내와 지시를 대수롭지 않게 무시하진 않는지

⑥ 수업이 끝났을 때 주변 정리를 하는지, 배우고 난 자리가 깔끔하게 잘 정돈되었는지 등

위와 같은 내용만 집중해서 보아도 많은 걸 볼 수 있습니다. 아이가 어떤 식으로 배우고 있고, 수업에 참여하는지 말입니다. 이 모든 걸 보기 어렵고 복잡하게 느껴진다면 사실 아이의 표정 하나만 봐도 됩니다. 아이의 표정이 밝고 즐거워 보인다면 분명 아이는 잘 배우고 있는 중일 테니까요.

공개수업 가봐도 특별한 게 없던데요

요즘은 학부모를 대상으로 공개수업을 한다고 해서 뭔가 특별하게 준비하는 이벤트성 수업을 하진 않습니다. 평소

하지 않던 수업을 이벤트처럼 한다기보다는 아이들의 배움의 장면을 있는 그대로 보여주려는 수업을 지향하는 게 요즘 학교의 공개수업입니다. 뭔가 재미있고 대단한 수업을 보러 가는 게 아니라 아이가 평소에 어떤 식으로 공부하고 있는지를 볼 수 있는 기회라고 생각하시는 게 좋겠지요.

저는 국립부설초등학교에서 5년을 근무했습니다. 엄청나게 많은 공개수업을 해야 했고, 교생들의 수업도 5년 내내 지도해야 했습니다. 수업을 보고 느끼고 생각하는 역량이 자연스레 쌓일 수밖에 없었지요. 그런 제 눈길을 끌 만큼 기발하고 재미있는 수업도 있습니다.

하지만 저는 짧은 40분 수업을 본 것만으로는 그 교사의 수업을 섣불리 판단할 수는 없다고 생각합니다. 그도 그럴 것이, 교사와 아이들은 매일 수업에서 서로를 만나고 이야기하고 배워가고 있기 때문입니다.

아무리 집중해서 본다고 하더라도 우린 길고 긴 1년짜리 영화 속 한 장면을 아주 잠깐 엿보는 것이 다입니다. 재미있네, 없네, 누군 잘하고 못하네, 섣부른 판단을 내리긴 어렵지요. 마음을 열고 아이들의 즐겁고 행복한 모습을 들여다봐주시면 좋겠습니다.

학교에선 학부모를 대상으로 하는 공개수업 말고도 다

양한 공개수업이 있습니다. 학부모를 대상으로 하는 공개수업은 교사들이 실제로 하는 공개수업의 일부일 뿐입니다.

요즘은 교사들이 서로 전문적인 학습공동체를 꾸려서 함께 수업을 이야기하고 공부해가는 문화가 학교에 만들어져 있습니다. 꽤 오랫동안 모든 학교에서 전문적 학습공동체를 꾸리고 같이 수업을 공부하기 위해 애써왔고, 앞으로도 그렇게 노력할 것입니다. 그만큼 교사들끼리는 서로 수업을 보여주고 함께 이야기 나누는 일이 많습니다. 일상적인 수업을 나누고 그 안에서 서로 성장하기 위해 공부하는 게 교사의 삶이고, 수업입니다.

교육과정설명회
꼭 가야 하나요?

어떤 학부모가 물어보셨던 적이 있습니다. "선생님, 교육과정설명회는 꼭 가야 하나요? 바쁜데 굳이 가야 하나 싶어서요"라고요.

학교에선 3월에 항상 교육과정설명회를 합니다. 이때 학교에서 준비한 학사보고는 물론이고, 학교현황, 학생 수, 교육과정 운영내용, 연간 학사일정 같은 학교 운영 전반에 대한 이야기를 들을 기회가 있습니다. 아동학대 예방교육처럼 학부모들을 대상으로 학교에서 꼭 설명해야 하는 연수를 하기도 합니다.

교사들이야 매년 하는 행사이고 늘 준비하는 일이기 때문에 당연히 이에 대한 이해가 높지만, 학부모들은 입장이 전혀 다르지요. 어떤 내용을, 왜, 누굴 위해 하는지 살짝 어려울 수도 있고, 굳이 꼭 참석해야 하는지 고민될 수 있습니다.

학교는 교육과정을 그냥 운영하지 않습니다. 초중등교육법이라는 법령과 교육부 지침, 시도교육청에서 내려오는 온갖 매뉴얼 등을 바탕으로 여러 사안을 반영해서 학교 교육과정을 꾸려갑니다. 이에 맞게 예산도 쓰고 학생들 행사도 기획합니다. 학교 교육과정이 편성돼야 학급에서도 교사의 철학과 교육방법, 학년 특성 등을 고려한 학급 교육과정이 만들어집니다. 그래야 아이들을 제대로 가르칠 수 있는 기반이 갖춰지는 셈이지요.

이런 내용을 학부모들에게 학교에서 직접 설명하는 것이 교육과정설명회입니다. 우리 학교는 올 한 해 어떤 부분을 집중해서 가르치겠다, 이 중 어떤 부분은 학부모의 도움이 필요하니 관심을 가져달라, 우리 학교는 현재 어떤 모습이고 어떤 부분이 달라질 것이다, 이런 내용을 하나하나 설명합니다. 이 자리에서 우리 학교 교사들은 누구고 어떤 학급을 담임하고 있다, 이런 소개가 함께 이루어지는 경우도 많습니다.

그 자리에서 학부모회 임원 선출도 하던데요

"안 그래도 바쁜데, 학부모회 임원 선출을 하더라고요. 중간에 일어나서 담임선생님 얼굴만 보고 왔네요."

학교에선 학부모들이 한자리에 모이는 일이 드물기 때문에 학부모들의 도움이 필요한 일을 동시에 해야 할 때가 가끔 있습니다. 학부모회 임원을 선출하거나 학부모 의무교육을 해야 하는 경우입니다. 우리 학교도 학부모를 대상으로 하는 교육활동 보호교육이나 성폭력 예방교육을 이 자리에서 하기도 합니다.

또한 대부분 학교에선 교육과정설명회에 학부모 상담을 학급에서 이어서 진행하는 경우가 많습니다. 담임교사에게 아이의 이야기를 직접 듣고 상담을 할 수 있는 정말 좋은 기회이지요.

학교라는 커다란 배가 움직이기 위해서 방향타가 되어주는 것이 학교 교육과정인 셈입니다. 대한민국의 어떤 학교도 아무렇게나 대충 운영되는 게 아니라 많은 고민과 보이지 않는 노력이 쌓이고 쌓여야만 올바른 방향으로 움직일 수 있다는 뜻이기도 합니다.

아이를 학교에 보낼 때 부모는 늘 조심스럽고 마음이

쓰이지요. 그래서 학교에 대한 신뢰는 무엇보다 중요한 밑바탕이 됩니다. 이러한 신뢰는 우리 아이가 생활하게 될 학교가 어떤 곳인지 알고자 하는 관심에서 시작되지요. 바쁜 일상 속에서도 교육과정설명회에 함께해주신다면 학교에 대해 더 잘 이해하게 되고, 그만큼 안심하고 아이를 맡기실 수 있을 것입니다.

학급 배정은
어떻게 하나요?

많은 학부모가 연말이 되면 학급 배정이 어떻게 될지 궁금
해합니다. 내년에 같은 반이 되는 친구가 누구일지, 단짝 친
구와 다른 반이 되진 않을지 말이지요. 모든 학부모가 똑같
이 궁금해하고, 똑같이 알고 싶어 하는 학급 배정은 어떻게
하는 걸까요?

제가 교사로서 학급을 배정했던 경험을 바탕으로 말씀
드리겠습니다. 모든 학교가 똑같은 방법으로 배정하는 것이
아니기에 참고하는 정도로 이해해주시면 좋겠습니다.

중학교나 고등학교는 학생들이 모의고사나 내신시험
을 계속해서 보기 때문에 어느 정도 객관적인 평가 결과가
이미 만들어져 있습니다. 만약 가능하다면 성적, 평가 결과
만 가지고도 학급을 편성할 수 있겠지요. 하지만 초등학생

들은 그렇지 않습니다. 학생들을 한 해 동안 지켜보고 관찰해온 담임교사의 평가가 가장 중요하고, 또 가장 정확할 수밖에 없지요.

학급을 배정할 때는 매우 다양한 부분을 고려합니다. 이를테면 학생들의 평소 생활 모습은 물론이고, 학습습관, 학습태도, 교우관계, 학교폭력 등의 사안으로 학생들 사이에서 문제가 있었던 것까지 모두 고려하지요.

담임교사가 일단 학급을 배정하는 구성안을 만들면 이걸 바탕으로 학년 전체가 모여서 다시 학생들의 교우관계나 또 다른 문제가 없는지, 혹시라도 담임교사가 놓쳤거나 미처 생각하지 못했을 부분까지 고려하여 함께 협의하고 논의합니다. 학년 아이들 전체의 고른 편성을 고려하여 학급을 배정하기 위해 고민하는 것입니다.

학년 전체의 반 편성을 살펴본 다음엔 그밖에 다른 요인들까지 고려하여 학급 배정을 마무리합니다. 쌍둥이가 있는 경우는 같은 반에 배정할지 하지 않을지 등을 살펴보는 것입니다. 심지어 제가 전에 근무했던 한 학교에서는 같은 이름을 가진 학생이 같은 반에 배정되지 않았는지까지 고려했습니다.

이런 작업이 번거롭기도 하고 수고스럽기도 하지만, 이렇게 여러 번의 고려를 거치는 것은 그만큼 학급 편성이 학생들과 교사들 모두에게 중요한 일이기 때문입니다. 어느 학급을 맡든 교사에게도 학생에게도 함께 행복하고 건강한 교실을 만들어갈 수 있도록 최소한의 배려를 모두가 함께 하는 것입니다.

학급이 일단 배정되고 발표되면 학생들의 학급 편성은 이미 끝난 셈입니다. 학생들의 생활기록부가 만들어지면 그걸 고치거나 새로 편성할 수 없습니다. 실제로 그렇게 학급을 바꾸거나 하지도 않습니다. 학교폭력으로 학급교체 처분을 받지 않는 한 말입니다.

쌍둥이인데 다른 반이 될 수도 있나요?

쌍둥이의 경우, 보호자가 원하는 쪽으로 배정하는 것이 일반적입니다. 아이들의 의향을 물어서 같은 반에 있기를 희망하면 같은 반으로, 그렇지 않은 경우 다른 반으로 배정합니다. 예전에 저희 반에 쌍둥이 동생이 있고 다른 반에 쌍둥이 언니가 있던 경우가 있었는데, 두 아이 모두 서로 다른 반이 되길 희망했다고 들었습니다. 이런 경우처럼 아이들이 원하지 않는다면 쌍둥이여도 굳이 같은 반에 배정하지 않고 다른 반에 배정합니다.

특수학급 대상 학생의 반 편성 원칙이 있나요?

전에 자폐가 심한 아이가 자신의 자녀와 함께 배정됐다면서 학교로 문의를 해온 학부모가 있었습니다. 아이들의 학급을 편성하는 법률적 근거가 무엇인지 궁금하다며 물어보셨습니다.

어떤 경우라도 학급 편성에선 고른 편성, 균형 있는 편성이 원칙입니다. 이걸 어기고 특정 학급에 특정 성향을 가진 학생들을 편향되게 들어가도록 하는 경우는 없습니다. 어떻게든 균형 있고 고르게 배정하기 위해 편성에 참여하는 교사들 모두가 최선을 다합니다.

한 학년에 특수학급 대상 학생이 여럿인 경우도 마찬가지로 한 반에 특수학급 대상 학생들이 모두 함께 배정되도록 하지 않습니다. 학생 수의 많고 적음, 남녀의 성비, 학생들의 성향 등 여러 가지를 배려하고 고려하고 고민해서 적절하게 편성합니다.

왜 우리 아이랑 같은 반이 되었냐는 질문이 의미가 없는 이유입니다. 특정 학생과 특수학급 대상 학생이 같은 반이 되도록 억지로 무리해서 배정하지도 않거니와 굳이 그럴 만한 이유도 없기 때문이지요.

신입생은 반 편성을 어떻게 하나요?

신입생은 전년도 자료가 초등학교에 없습니다. 아이들이 전에 어떤 생활을 해왔고, 어떻게 자라왔는지 등에 대한 일체의 근거자료가 없고, 오로지 주소지와 등본만 가지고 학급을 편성해야 합니다. 어쩔 수 없이 복불복이 될 수밖에 없습니다. 똑같은 신입생 교실이지만, 어느 교실은 장난꾸러기가 많고, 어느 반은 너무 조용한 교실이 되는 게 그래서입니다.

비슷한 사례로 인근 중학교 생활부장 교사의 하소연을 들은 적이 있습니다. 우리가 유치원 때의 아이들 모습을 모르듯이, 중학교에서도 초등학교 때의 아이들 모습을 모르기 때문에 반 편성을 하고 나면 어떤 학급은 분위기가 괜찮고, 어떤 학급은 너무 힘들다는 겁니다. 초등학교든 중학교든 신입생을 받는 경우라면 똑같이 고민한다는 걸 이해하실 수 있겠지요.

04

왜 학교마다
교과서가 다른가요?

제가 어렸을 때만 해도 초등학교가 아니라 국민학교였고 교과서는 다 똑같이 국어, 산수, 음악, 미술, 실과였습니다. 시골 사는 아이도, 도시 사는 사이도, 다 똑같은 교과서로 똑같은 내용을 배웠습니다. 국가에서 정해준 공통 교육과정으로 똑같은 교재를 가지고 가르치고 배웠지요.

지금 우리 아이들이 다니는 학교는 그렇지 않습니다. 초등학교에선 국정, 검정, 인정 세 가지 교과서로 배우고 있는데, 법률로 엄격하게 국정, 검정, 인정 교과서만 사용하도록 제한하고 있습니다.

먼저 국정교과서는 교육부에서 교과서의 개발부터 배포까지 모두 책임지고 있습니다. 국가가 주도하여 대한민국 모든 아이에게 똑같이 가르쳐야 할 필요가 있다고 생각하는 과목인 경우, 국정을 사용합니다. 지금은 국정교과서가 중학교와 고등학교에선 쓰이지 않고 초등학교에만 남아 있습니다.

검정교과서는 말 그대로 검정(일정 심사)을 거친 도서를 교과서로 인정한다는 것입니다. 현재 비상, 천재, 교학사, 동아 등 다양한 출판사에서 검정교과서를 개발하고 있고, 이렇게 민간에서 만든 교과서를 교육부의 심사를 거쳐 검정교과서로 인정받아야 사용할 수 있습니다.

인정교과서는 필요하다고 생각되는 과목에 사용할 교과서로 국정이나 검정교과서가 없을 때, 혹은 보충이 필요하다고 판단될 때 사용할 수 있도록 교육부장관의 인정을 받은 교과서입니다.

수업에 사용할 수 있는 교과서가 이렇게 정해져 있기 때문에 학교에서는 어떤 교과서를 사용할 것인지 정하는 작업을 따로 거쳐야 합니다. 이걸 교과서 선정이라고 하는데, 학교마다 교과서선정위원회가 있어서 이 위원회에서 학생들이 사용할 교과서를 선정합니다. 학교에선 교과서를 선정하는 기간에 모든 검정교과서를 일정 공간에 전시해놓고 직접 만져보고 구경하고 살펴볼 수 있도록 하고 있습니다.

이런 까닭에 학교마다 교과서가 제각각일 수밖에 없습니다. 전학을 가면 일부 여유분이 있는 학교에선 교과서를

줄 수 있지만, 여유분이 없는 경우는 학생이 직접 교과서를 구매해야 할 수도 있습니다. 실제로 국정이 아닌 이상 교과서를 잃어버린 경우, 학생이 직접 교과서를 구매해야 합니다.

대개는 출판사 홈페이지에 들어가면 교과서를 구입할 수 있는 경로를 안내하고 있습니다. 저는 학생들에게 교과서를 한 세트 더 구매해서 가정에도 놓고 사용하는 게 좋다고 추천합니다. 혹시라도 여유분을 더 구입하고 싶다면 해당 학교의 교과서 출판사를 확인하여 구입하시면 됩니다. 보통은 학기 말이나 학기 초에 과목별로 교과서 출판사를 학교 홈페이지에 공지하니 참고하시면 되겠지요.

요즘은 AI 교과서에 대한 논의가 뜨겁습니다. 2024년 한창 교과서로 자격을 얻을 것으로 기대하고 준비 중이었지만, 결국 교과서의 지위를 얻지 못해서 학습자료로만 사용되게 되었는데요, 이것도 초중등교육법 제29조에 따라 교과서로 검·인정되지 못했기 때문에 벌어진 일입니다.

우리 선생님은 교과서를 잘 안 가르치던데요

요즘 교실에선 교과서만 가지고 수업을 하지 않습니다. 국정, 검정, 인정 어떤 교과서든 수업에 활용되는 자료로 쓰이기에, 실제 수업에서는 교사의 계획과 주도에 따라 다양한 모습으로 재구성되고 변형됩니다. 이걸 교사들은 '교육과정의 재구성'이라고 부릅니다. 짐작하시겠지만, 교과서를 순서대로 있는 그대로 가르치지 않고, 새롭게 재구성하고 창조해서 수업에 활용하는 만큼 교사들에겐 더욱 힘들고 어려운 과정일 수밖에 없습니다.

그럼에도 많은 교사가 지금 이 순간에도 수업을 재구성하고 다양하게 활용하기 위해 교과서를 연구하고 있습니다. 교과서를 안 가르치는 게 아니라, 수업에 다양하게 녹아 들어 있는 것입니다. 설탕이 물에 녹으면 설탕물이 되듯 말입니다. 실제 교사들의 수업을 자세히 들여다보면 교과서는 물론이고 다양한 영상자료, 수업도구, IT 자료 등을 활용해서 재미있고 효과적인 수업을 고민하고 있습니다.

선생님 마음대로 수업할 수도 있는 건가요?

아이들을 가르치는 교육과정이 재구성된다고 해서 수업의 분량이나 주제, 학습내용, 활동들이 180도 뒤집히는 것은 아닙니다. 매 차시 똑같이 40분씩 충실하게 수업을 합니다.

검정교과서도 출판사가 다를 뿐 학습의 주제를 다루는 것은 똑같습니다. 예를 들어 '무게'에 대해서 다루는 단원이 있다고 해볼게요. 이때 A 출판사는 양팔저울을 이용해서 무게를 재는 실험을 삽화를 그려서 다룬다면, B 출판사는 만화를 통해서 다루는 식입니다. 어떤 식으로 다루냐의 차이일 뿐, 내용이나 활동은 비슷하다는 걸 알 수 있지요.

검정교과서도 결국 교육부, 한국교육과정평가원 등의 엄격한 심의를 거쳐서 교과서가 되는 만큼 어떤 교과서도 섣불리 빼거나 더하거나 하는 식으로 아무렇게나 만들어지지 않습니다. 이 다양한 활동을 어떤 식으로 수업에서 활용하고 가르칠 것인지를 구상하고 만들어가는 게 교육과정의 재구성인 셈입니다.

교과서가 다른데 아이들 평가는 어떻게 하나요?

교과서가 아무리 다양해도 다뤄지는 주제와 활동들이 비슷한 만큼 평가에서도 일맥상통한 결과를 얻을 수 있습니다. A 출판사의 검정교과서를 사용한 학교든, B 출판사의 검정교과서를 사용한 학교든 핵심내용은 똑같이 배우고 있으니까요.

　평가는 결국 학생이 수업에서 교사가 다루었던 교과서의 핵심내용을 잘 이해했는지를 살펴보는 것입니다. 어떤 교과서를 사용했든 열심히 공부하고 즐겁게 배웠다면 평가에서도 마찬가지로 좋은 결과를 거둘 수밖에 없습니다. 모든 검정교과서가 평가에 일관성이 있도록 하는 것까지 염두에 둔다고 생각하시면 되겠지요.

요즘은 학교에서
태블릿을 주던데요

대한민국만큼 IT 선진국도 없지요. 저도 세계 여러 나라에서 수업을 직접 참관하고 강의도 해보았지만, 우리나라만큼 인터넷이 빠르고 수업에 다양하게 활용되는 경우도 없었습니다. 이렇게 수업에 인터넷과 디지털 자료들이 활용되는 것을 에듀테크라고 부릅니다. 요즘 대한민국 학교는 에듀테크와 AI 등을 활용하는 문제로 아주 뜨겁답니다.

제가 근무하는 전북만 해도 초등 4학년부터 중학교, 고등학교 학생들 모두에게 교육용 노트북인 웨일북을 지급했습니다. 코로나가 한창일 때는 온라인 수업을 하기 위해 학생들에게 태블릿을 나눠주었고 최근엔 웨일북을 지급했으니, 엄청난 분량의 전자기기가 교육현장에 들어와 있는 셈입니다.

이뿐 아닙니다. 저희는 교실마다 전자칠판을 모두 설치할 수 있도록 예산을 지원해서 지금은 모든 교실, 모든 특별실에 전자칠판이 있습니다. 언제든 인터넷을 불러올 수 있고, 터치만으로 판서 내용이 모두 삭제되는 최첨단 수업이 가능한 시대가 열린 것이지요.

에듀테크를 활용한 수업, 구글을 활용한 수업, 전자칠판이나 태블릿, 웨일북, 노트북 등을 활용한 수업 등 너무 다양해서 일일이 소개하기도 어려울 만큼 IT 활용 수업이 넘쳐나고 있습니다.

이런 현장의 변화와 맞물려 교사들도 구글이나 각종 앱을 활용해서 에듀테크 수업을 하고 있을 뿐 아니라 서로 정보를 교환하고 나누는 식으로 함께 공부하고 연구하는 모임도 활발합니다. 제가 느낄 때 사회의 변화를 가장 먼저 느낄 수 있는 분야가 요즘은 교육 분야가 아닌가 싶을 정도입니다.

디지털 환경에서 주의해야 할 점이 있다면요?

이렇게 긍정적인 활용이 있는가 하면 부정적인 측면도 있습니다. 우리나라 학생들은 일찍부터 IT 기기를 활용하는 기술과 능력은 뛰어난 반면 디지털 리터러시, 디지털 문해력은 다른 나라 학생들에 비해서 뒤처진다고 합니다.

2021년 OECD 국제학업성취도 평가에 따르면, 우리나라 학생들은 문해력에선 우수한 편이었지만 제시된 문장에서 사실과 의견을 식별하는 능력은 25.6퍼센트로 OECD 평균인 47.4퍼센트보다 한참이나 낮았습니다. OECD 국가 중에서 30퍼센트 미만인 나라는 한국, 슬로바키아, 콜롬비아 딱 세 나라뿐이었습니다.

이건 한국 아이들이 문해력은 우수할지 몰라도 뭐가 진짜이고 뭐가 가짜인지 식별하는 능력은 떨어진다는 뜻입니다. 가짜뉴스가 판을 치고 가짜정보가 범람해도 그게 가짜라는 걸 판별할 능력이 다른 나라 아이들에 비해 현저히 떨어진다고 이해해야겠지요.

저는 이게 우리 아이들이 정보의 바다에 무분별하게 내던져진 결과라고 봅니다. 어떤 것이 유익하고 어떤 것이 유해한지, 무엇이 진짜이고 무엇이 가짜인지 정도는 판별할 수 있도록 찬찬히 접근해야 하는데, 아무런 대책도 없이 범람하는 정보 속에 던져진 것입니다. 그 결과는 가짜뉴스가 판을 치는 대한민국이 되는 것이겠지요.

이런 결과가 나오는 이유는 학교든 가정이든 기술을 활용하는 능력을 키우는 데 치중하는 반면, 좋은 정보와 나쁜 정보를 가려내는 눈을 길러주는 비판적인 사고능력을 키우는 데에는 상대적으로 소홀하기 때문입니다.

요즘은 학교 안팎에서 아이들끼리 SNS로 아무렇지 않게 욕을 하거나 비난을 하고 사실이 아닌 이야기로 친구들을 모함하는 경우도 종종 있습니다. 디지털 세상도 똑같이 사람에게 피해를 주고 상처를 입힐 수 있다는 것을 미처 생각하지 못하고 행동하는 것입니다.

우리 아이들이 살아갈 디지털 세상이 따뜻하고 행복하려면 현실 세계에서 그러하듯 바른 인성과 책임 있는 행동에 대해 끊임없이 가르치고 이야기해야 합니다. 익명이란 이유로 악성 댓글을 달거나 욕이나 험담을 하거나 유해한 영상이나 자료들을 다운받거나 하는 일이 얼마나 위험한지 부모와 학교가 함께 알려주어야겠지요.

딥페이크 문제도 심각하다던데요

아이들의 사진이 도용당하거나 이상한 데에 쓰이는 일도 있습니다. 평소에 잘 모르는 상대와 메신저를 주고받거나 이야기를 나누는 일이 없도록 미리 지도해야 하고, 혹시라도 이상한 대화 내용이 오갔다면 반드시 담임교사와 학교 측에 알려야 합니다. 혹시 모를 사이버 범죄에 아이들 사진이나 아이디 등이 노출될 수도 있다는 점을 늘 염두에 두셔야 합니다.

대전 지역에선 실제로 초등학교 여학생 한 명이 허위 영상물에 사진이 합성돼서 신고하는 일이 있었습니다. 교육부 조사에 따르면 2024년 1월부터 8월까지 딥페이크 피해를 입은 학생이 799명이라고 합니다. 우리가 생각하는 것보다 훨씬 많은 숫자입니다.

해외에선 어린 아이들의 초상권을 우리보다 훨씬 더 엄격하게 보호합니다. 어린이를 대상으로 하는 음란물이 많고, 범죄나 테러에 연루되는 일이 생길 수 있기 때문입니다. 외부인이 아이의 사진을 동의하지 않은 상태로 찍어서도 안 되고, 동의 없이 인터넷상에 올리거나 하는 일도 엄격히 금지됩니다. 우리나라에 비해 어린이의 초상권 보호가 훨씬 더 철저하다는 느낌이 드시지요? 우리도 이렇게 어린이들의 초상권 보호에 힘을 써야 할 것입니다.

가장 쉽게는 얼굴이 들어가는 사진이나 영상을 함부로 찍거나 공유하지 않는 것부터 지도해야 합니다. 딥페이크는 얼굴 사진을 재료로 사용해서 영상을 제작하는 것인 만큼 아예 공유해서는 안 된다는 걸 가르쳐주어야 합니다. 인터넷에 한 번 올라가는 자료는 삭제도 잘 안 됩니다. 이런 책에 들어간 자료 하나도 책으로 완성되고 나면 빼거나 더하기 힘들기 때문에 편집 과정에서 여러 번 감수하고 수정합니다. 그러니 인터넷에 배포되는 자료라면 더 말할 것도 없겠지요.

혹시라도 딥페이크 피해가 우려된다면 경찰에 수사를 의뢰하는 것이 좋습니다. 아이들 단톡방 등도 자주 살펴보시고요. 특별히 음란물이나 음란동영상을 아이가 무심결에라도 보게 되는 경우, 아이가 이런 딥페이크 시도를 할 수도 있습니다. 가정에서도 관심을 갖고 꼭 살펴봐주셨으면 합니다.

학습 준비물
안 사도 되나요?

제가 어릴 때만 해도 3월 학기 초엔 문구점이 문전성시를 이뤘습니다. 아이들이 저마다 새 학기 준비물을 사러 다니느라 바빴으니까요. 지금은 사정이 많이 달라졌습니다. 전처럼 많은 준비물을 사러 다닐 필요가 없어졌습니다.

요즘은 학습 준비물이라고 해서 각 시도교육청에서 학습에 필요한 여러 가지 준비물을 학생별로 사주고 있습니다. 무턱대고 아무렇게나 사주는 건 아니고, 교사들이 사전에 신청한 물품에 한해서 물품 구입을 대신해주는 방식입니다. 모든 학교에서 학습 준비물 목록이 다 다를 수밖에 없지요.

물품의 목록은 사전에 교사들이 모든 교과목의 단원을 훑어보고, 어떤 준비물이 필요할지 예측해서 그 준비물을 신청합니다. 예를 들면 미술 5단원에서 풍경화 그리기를 한다면 8절지, 그림물감 등을 학습 준비물 목록으로 신청해두는 겁니다. 학교의 업무담당 교사는 각 학급에서 교사들이 요구한 학습 준비물을 목록으로 만들어서 구매하는데, 그 목록은 원고지, 8절지, 4절지, 아크릴물감, 파스텔, 각도기, 양면 색종이, 컬러점토, 찰흙 등 매우 다양합니다.

학교는 학부모들에게 학교에서 구입을 대신해주는 물품의 목록을 정리해서 안내해줍니다. 다음은 실제로 2025년 3월 중에 우리 학교에서 나간 학습 준비물 목록입니다. 다양한 품목을 준비해준다는 걸 알 수 있지요. 어지간한 것은 가정에서 구입하지 않아도 되어서, 학부모의 부담은 줄여주고 아이들은 학습에 더 잘 참여할 수 있게 되었지요.

요즘은 물건이 부족하지 않고 넘쳐나는 시대라서 그런지, 아이들이 자신의 물건에 대해 귀하게 여기는 마음도 다소 약해진 것 같습니다. 분실물이 매일 쏟아지는데, 정작 물건을 잃어버려도 찾아가지 않는 경우도 많답니다. 풍족하고 여유로운 시대를 살아가는 아이들이지만, 그렇기에 더더욱 환경과 자원을 소중하게 여기는 마음도 키워주셨으면 좋겠습니다.

2025학년도 1학기 학습 준비물 목록

학년	학습 준비물
1	카네이션 카드, A4 백색 도화지, 눈알, 십이지간 전통 딱지, 컬러 종이컵, 사각형 라벨지 코팅 필름, 클레이 세트, 양면 색종이, 창의력 실뜨기, 연필깎이, 텀블러 가방 만들기, 스포츠 빈백, 전통 문양 팽이, 폼폼 미니 블럭, 폼보드 전통 한옥 기와집, 조개 부채 꾸미기, 미술 플레이북(1학기)
2	스케치북, 백색 도화지, 색종이, 클레이 세트, 딱풀, 땅속 세상 화분 만들기, 병원놀이, 입체 퍼즐(세계 전통 가옥), 모양 펀치, 15cm 직자, 보석 십자수 동물 가방걸이, 세계 여러 나라 큐빅 모자이크
3	색종이, 일회용 접시, 종이컵, 주름 빨대, 도화지, 컬러 마스킹 테이프, 붓펜, 고체 물감 세트, 클레이, 화이트 보드 마카, 목공풀, 두꺼운 도화지, 색 도화지, 색종이, 직각 삼각자, 접자, 보석 십자수, 리코더, 뉴 고무줄 점핑 로켓 만들기, 무지 스크랩북, 워터 브러시, L자 파일, 배움 공책, 수학 암호 노트(1학기), 격자형 화이트 보드판
4	네임펜, OHP 필름, 트윈 마카, 컬러 마스킹 테이프, 마카 드로잉펜, 양면 색종이, 컬러 색지, 천사점토, 미술 플레이북(1학기), 스티커 컬러링북, 붓, 물통, 화이트 보드, 대용량 공기놀이 케이스
5	도화지, 유성매직, 양면 색종이, 스카치 테이프, 흑 도화지, 고체 물감, 양면 색상지, 젤펜, 붓펜, 크레욜라 마커, 천사점토, 유성펜, 친환경 바질 키우기, 한손 테이프 디스펜서, 미술 플레이북(1학기), 전동 연필깎이, 소프트 주사위
6	8절 도화지, 색 도화지, 고체 물감, 오일 파스텔, OA펜시 페이퍼, 강낭콩 기르기, 워터 브러시, 미술 플레이북(1학기), 조개 부채 꾸미기, 한지 공예 육각함, 카네이션 크리스탈 감사패, 미몽이 풍선치기, 명화 스크래치

종이 가정통신문
이제 안 나눠주나요?

요즘 학교에서는 가정통신문을 인쇄물이 아닌 앱이나 카톡 등 단체문자로 발송하는 경우가 많습니다. 갱지에 인쇄한 종이 가정통신문을 가급적 보내지 않기 위한 것입니다. 각 가정에서는 한두 장에 불과해 보일 수 있지만 학교 전체로 보면 한 번의 안내만으로도 수백 장의 종이가 사용되기 때문입니다. 이러한 방침은 환경을 생각하는 작은 노력입니다.

특히 요즘은 스마트폰이 없는 가정이 거의 없기도 하고, 스마트폰을 이용한 앱 알람이나 문자메시지 확인이 중요한 알림을 신속하고 정확하게 전달하는 데에도 더 효과적입니다. 학부모에게 서명을 받아야 하는 안내도 요즘은 전자서명으로 대신하는 경우가 많습니다.

물론 이것도 학교마다 다 다릅니다. 우리 학교는 상황별로 나눠서 안내하고 있습니다. 예를 들어 학부모 서명을 받아야 하는 가정통신문은 종이로 나갔다가 다시 회수하고, 그렇지 않고 간단한 알림인 경우는 홈페이지나 하이톡 등 단체알림을 통해서 안내하고 있습니다.

학교마다 사용하는 앱이 달라서 특정 앱에 대해 자세히 설명하는 데에는 한계가 있습니다. 어떤 학교에서는 여전히 종이 가정통신문이 나가기도 하고, 어떤 학교에서는 일체의 종이 가정통신문을 생략하고 모두 앱으로 알림이 나가기도 합니다. 이는 어느 한 방식이 더 낫다기보다는, 학교마다 여건과 상황이 다르기 때문입니다.

그럼에도 학기 초에 꼭 보호자의 자필 서명을 받아야 하는 가정통신문도 있습니다. 각 아동의 보호자는 반드시 학생의 개인정보이용에 동의를 해야 하는데, 이 동의서는 이후 학교에서 사용되는 다양한 정보 제공에 쓰이게 됩니다. 이 가정통신문만큼은 아마 거의 모든 학교에서 종이로 제공할 거예요.

우리 반은 '밴드'하는데 옆 반은 '카페'해요

이 밖에도 밴드, 카페, 홈페이지 등 다양한 플랫폼을 활용하는 선생님들이 많은데요, 어느 것을 이용하든 목적은 즉각적인 피드백과 의견 수렴을 위한 것이라는 점에서는 동일합니다. 담당교사가 학교에서의 교육활동 안내나 활동사진 등을 올리기 위해서 쓰는 것이기 때문에 교사마다 쓰는 플랫폼이 다 다른 것이지요.

간혹 "우리 아이 사진은 왜 올라오지 않나요?" 하고 서운한 마음을 표현하시는 학부모들도 있습니다. 그 마음 역시 아이를 향한 사랑에서 비롯된 것임을 학교도 잘 알고 있습니다. 다만 이는 교사가 특정 아이를 편애하거나 차별해서가 아니라, 수업과 생활지도를 함께 하며 모든 아이를 고르게 살피는 과정에서 생기는 현실적인 한계 때문인 경우가 대부분입니다. 교사 역시 오해를 살 수 있다는 것을 잘 알고 있기에, 의도적으로 누군가를 제외하는 일은 하지 않습니다. 아이 한 명 한 명을 소중히 여기고 있다는 점만은 믿고 지켜봐주시길 부탁드립니다.

학교에서는 보통 어떤 앱을 쓰나요?

학교에서 가장 자주 쓰는 앱은 학교종이나 하이클래스입니다. 하이클래스는 사용료가 따로 없어서 교사들이 편하게 이용하는 경우가 많습니다.

학부모 인증을 거쳐야만 학급 안내나 알림을 볼 수 있다는 점은 어떤 앱이든 동일합니다. 학교종이, 하이클래스 모두 아이들의 학교생활에 대한 안내와 가정통신문, 공지사항, 각종 준비물 안내 등의 역할을 하는 데 쓰이고 있습니다.

유초연계 이음교육은
무엇인가요?

"교감선생님, 전에 그 학교하고 했던 이음교육 반응이 매우 좋았고 만족도도 높았는데요, 저희 유치원하고 이음교육을 한 번 더 해보면 어떨까요?"

한 유치원 원장님에게 전화가 한 통 걸려왔습니다. 저는 1학년 교사들의 의견을 듣고 결정하겠다고 대답했습니다. 그런데 여기서 말하는 '이음교육'을 혹시 들어보셨나요?

유치원과 초등학교는 사실상 다른 부분이 매우 많습니다. 전에 어떤 학부모가 "아이들 나이는 한 살밖에 차이가 안 나는데, 왜 초등학교와 유치원은 그렇게 많이 달라요?"라고 물어보셨던 적이 있습니다. 솔직히 초등학교 교사로 평생을 살아온 저에게는 깊이 생각해본 적 없던 문제라서 그냥 웃고 말았는데요, 입학하는 자녀를 둔 부모라면 고민이 되실 겁니다.

유치원과 학교, 분위기가 많이 다를까요?

1학년 입학 직후에 어떤 아이가 간식을 언제 먹는지 물어봤다는 이야기에 초등 교사들이 모두 웃음을 터뜨렸던 기억이 납니다. 유치원은 놀이를 중심으로 하는 교육과정이기 때문에 학습과 놀이의 연계를 중요하게 다룹니다. 실제로 아이들이 다양한 구체적 조작물을 만지고 놀면서 학습이 자연스럽게 일어난다는 점을 기반으로 교육과정을 구성하고 있지요.

반면 초등 교육과정에서는 설사 1학년이라 해도 교과서, 학습자료, 교사의 수업 등을 중심으로 수업을 합니다. 마음대로 돌아다니거나 놀 수도 없고, 먹고 싶다고 해서 간식을 주지도 않습니다. 어떤 면에서는 엄격하고 딱딱하게 느껴질 수 있습니다. 사실 놀이를 통해서 배우는 유치원의 교육과정과는 출발점 자체가 다르지요.

유치원 원아들이 자유롭게 장난감을 가지고 놀고, 볼풀장에서 활동할 수 있는 것과 달리 초등학교에서는 그런 여유가 거의 없습니다. 매일매일 정해진 수업을 따라가는 것만 해도 1학년 아이들에겐 매우 큰 과제이지요. 숙제도 해야 하고 달리기도 해야 하고 그림도 그려야 하고, 수준이 낮을 뿐 다른 학년에서 하는 것과 똑같이 공부도 하고 단원평가도 치러야 합니다.

유치원을 졸업하고 초등학교에 입학한 아이들이 느끼는 낯설고 어색한 느낌을 덜어주기 위해서 초등학교 1학년 과정에는 입학 초 적응활동이 따로 교육과정에 제시돼 있습니다. 그럼에도 아이들의 어색하고 어려운 마음은 쉽게 줄어들지 않을 겁니다. 그래서 조금이라도 아이들이 쉽게 적응할 수 있도록 미리 초등학교를 경험하고, 1학년 '형아'들이 공부하는 공간과 내용을 곁에서 견학하게 한 것이 바로 '이음교육'입니다.

유치원과 초등의 연계를 위한 이음이라는 뜻으로 유초연계 이음교육이라고 부릅니다. 말 그대로 연계를 위한 것이 목적이기에 1학년 학급에서 유치원 아이들을 초대하여 직접 견학하고 교실을 보고 듣고 경험해볼 수 있게 하고 있습니다.

우리 학교에서도 유치원과 함께 이음교육을 진행했던 적이 있는데, 실제로 유치원 버스를 타고 아이들이 학교로 왔습니다. 이음교육을 하기로 했던 학급으로 가서 함께 교실을 구경도 하고, 학교를 둘러보기도 하면서 시간을 보냈답니다. 이런 과정이 있으면 아무래도 아이들에겐 조금 더 마음 편하게 초등학교에 입학하는 계기가 되겠지요.

교육계에서는 앞으로 유초연계 이음교육이 더욱 확대될 것으로 예측하고 있습니다. 아마도 1학년 교실과 인근에 있는 유치원 학급이 연계하여 아이들이 서로 미리 만나고, 학교도 구경해보고, 수업도 참관하는 식으로 이음교육이 진행되지 않을까 싶습니다.

반대로 유치원에서도 초등학교 교실처럼 꾸며보거나 초등학교에서 하듯이 수업도 해보고 하루 일과도 보내는 식으로 미리 적응하는 활동을 준비해주셔도 좋을 것 같습니다. 참고로 충남교육청의 설문 결과, 학부모의 90.5퍼센트가 이음교육에 만족했다고 하니, 학부모들에겐 긍정적이고 적극적인 기대를 만들어냈다고 봐야겠지요.

교외체험학습
써도 될까요?

예전엔 학교에 안 가면 무조건 결석이었습니다. 사유가 있다고 해도 결석인 게 달라지지는 않았습니다. 아파서 안 왔어도 결석, 어디 가족행사에 따라갔어도 결석이었지요. 지금은 달라졌습니다. 결석도 사유가 타당하다면 인정 결석으로 처리합니다. 인정 결석이란, 결석을 했지만 학교에서 인정할 만한 사유가 있으니 결석이 아닌 걸로 해줄게, 라는 뜻입니다.

이제는 아이들이 학교에서만 배우는 것이 아니라, 학교가 아닌 다른 곳에서도 학습할 수 있다고 생각이 바뀌었습니다. 이게 바로 가정체험학습, 교외체험학습입니다. 물론 이 경우, 학교에 오지 않고도 온 것처럼 인정 결석이 되는 만큼 사전에 학교장의 승인을 받아야 하고, 미리 체험학습에 따른 신청서도 제출해야 합니다. 단, 가정체험학습은 감염병 위기 '심각' 단계일 때에만 신청이 가능합니다. 참고로 요즘은 감염병이 유행한다고 하더라도 원격수업을 하거나 하지 않고, 출석수업으로 진행합니다.

체험학습 신청시 주의해야 할 점은요?

새 학기에 학교에서 나누어주는 가정통신문 중에서 꼭 살펴보셔야 하는 것이 바로 체험학습과 관련된 안내장입니다. 학교에서는 각 시도교육청에서 제시하는 지침에 따라 교외체험학습과 가정체험학습을 실시할 수 있는 기간, 방법, 절차 등을 안내하고 있습니다.

학교에서는 출결 기록이 법정 장부인 출석부에 남는 중요한 사항이기에 모든 처리 내용은 지침을 따르고 있습니다. 시도교육청 지침에 따라 학교에서 정한 내용을 가정으로 안내하는 것인 만큼 가정에서도 출결, 체험학습, 결석 처리와 관련된 내용은 꼭 꼼꼼하게 살펴보시는 게 좋습니다.

교외체험학습은 원칙적으로 사전에 신청하는 것이기 때문에 정해진 날짜에 신청을 해야 합니다. 만약 사전 신청이 어렵다면 담임교사와 반드시 논의해야 합니다. 날짜의 편차가 조금 있을 수는 있지만, 원칙적으로는 적어도 3일 이전에는 신청을 하도록 하고 있습니다.

2024년부터는 교외체험학습이나 가정체험학습 또는 결석신고서 등을 모두 나이스 학부모서비스에서 제출할 수 있게 됐습니다. 굳이 종이 서류를 들고 가지 않아도 앱이나 홈페이지에서 직접 입력할 수 있게 된 것이지요. 추후 증빙 서류를 제출할 수도 있습니다.

나이스를 이용하는 것이 다소 복잡해 보일 수는 있지만, 한 번 학부모로 등록해둔 다음엔 간단하게 나이스로 서류를 제출할 수 있어 오히려 간편해졌다고 느끼실 수 있습니다.

10
늘봄, 방과후, 돌봄?
헷갈려요

방과후학교(현재 '늘봄학교'로 통합 운영)는 사교육비 절감을 위해 학교에서 운영하는 다양한 교육 프로그램을 말합니다. 쉽게 말하면, 정규수업이 끝난 방과 후에 학교에서 학원 못지않은 교육 프로그램을 운영해서 학부모들의 부담을 덜고자 한 것입니다. 음악, 미술, 컴퓨터, 영어 같은 프로그램들이 운영되지요.

그러나 사교육 시장은 해가 갈수록 점점 커져서 이미 수조 원대의 어마어마한 규모가 되었습니다. 2023년 교육부 초중고사교육비 조사에 따르면, 총 사교육비는 27.1조 원으로 전년 대비 4.5퍼센트 증가, 사교육 참여율은 78.5퍼센트로 전년 대비 0.2퍼센트 증가, 사교육 참여시간도 7.3시간으로 전년 대비 0.1시간 증가했습니다.

이를 보면 코로나 이후 오히려 사교육 참여율이 높아졌다는 걸 알 수 있습니다. 방과후학교 프로그램은 그대로 운영되고 있지만, 전체적인 사교육비 지출은 증가하는 추세로 볼 수 있습니다.

그럼 방과후학교 프로그램의 질이 떨어져서 그런 걸까요? 그렇지 않습니다. 학교에서는 우수한 프로그램을 운영해서 학원에 다니는 것 못지않은 실질적이고 경제적인 효과를 거두는 경우도 많습니다.

저는 두 아이 모두 작은 시골 초등학교를 졸업했는데, 둘 다 방과후학교 프로그램에서 많은 걸 배웠습니다. 예를 들면 학교에서 방과후수업만으로 피아노를 배웠지요. 피아노 학원 원장님이 직접 학교에 와서 수업을 해주셨기 때문에 두 아이 모두 학교에서 피아노를 배웠습니다. 이 밖에도 검도와 수영, 드럼, 기타까지 모두 방과후학교에서 배웠답니다. 만약 이 모든 걸 학원에서 배웠다면 사교육비가 꽤 들었겠지요.

방과후학교에서는 무엇을 배울 수 있나요?

지금 우리 학교에서는 10개의 방과후학교 프로그램이 운영되고 있습니다. 주산, 바이올린, 컴퓨터, 방송댄스, 토털공예, 한자, 종합스포츠, 미술 등입니다. 이들 프로그램은 모두 방과후학교 강사들이 수업을 진행하고 있는데, 아이들과 학부모의 만족도가 매우 높게 나오고 있습니다. 모두 해당 프로그램을 오랫동안 수업해왔거나 전문적으로 전공한 분들이라 아이들을 믿고 맡길 수가 있는 것이지요.

전국 모든 초등학교에서 방과후학교 수업이 운영되고 있습니다. 프로그램은 아무렇게나 운영되는 것이 아니라 모두 1차 서류심사, 2차 면접심사 등의 절차를 거쳐야 선발되고, 그런 후에도 학교운영위원회의 심의를 거쳐야만 수업을 할 수 있습니다. 프로그램이 학교마다 다른 것도 그래서입니다.

방과후학교의 실질적인 업무를 맡고 있는 것은 방과후 실무사(지역마다 이름이 조금씩 달라요) 선생님입니다. 늘봄학교가 전면 도입된 지금은 늘봄실무사라고 부릅니다.

돌봄교실은 방과후학교와 어떻게 다른가요?

돌봄교실은 초등 1학년과 2학년 학생들을 위해 운영되는 말 그대로 아이들의 돌봄에 집중한 프로그램을 말합니다.

돌봄교실에도 프로그램이 운영되고 있는데요, 아이들이 좀 더 편안하게 즐길 수 있도록 이야기책이나 동화책 읽어주기, 칼림바 연주, 보드게임 같은 프로그램들입니다.

돌봄교실은 우선배정 기준이 있는데, 맞벌이가정 자녀, 한부모가정 자녀, 조손가정 자녀, 다자녀가정 자녀, 기초생활수급자 및 차상위계층 자녀, 기타 특별한 사정이 있는 가정의 자녀 등입니다. 2024년부터 늘봄학교가 도입되면서 모든 학생이 신청하는 대로 돌봄교실에 들어올 수 있도록 하기 위해서 애쓰고 있습니다. 아직은 각 시도교육청이나 학교 사정에 따라서 편차는 있지만, 앞으로는 전면적으로 돌봄이 필요한 모든 학생을 대상으로 하는 늘봄학교가 도입될 예정입니다.

신청기간은 학교마다 다르며, 보통 12월부터 1, 2월에 받습니다. 예비초등생은 예비소집일에 접수를 받기도 합니다. 제출서류도 가족관계증명서, 재직증명서, 건강보험자격득실확인서 등 다양하기 때문에 학교 홈페이지나 가정통신문을 꼼꼼히 살펴보셔야 합니다.

이들 돌봄교실의 일을 맡고 있는 선생님들도 따로 있습니다. 이들 선생님은 돌봄 선생님이라고 부르는 돌봄전담사 선생님들입니다. 돌봄교실에서 운영되는 프로그램도 방과후학교와 마찬가지로 엄격한 서류심사와 면접심사를 거쳐야만 운영할 수 있습니다. 역시나 관련 과목을 전공했거나 오랫동안 프로그램을 가르쳐오신 분들이 돌봄 프로그램 선생님들로 활동하고 계십니다.

돌봄교실은 보통 바닥난방공사까지 모두 진행이 된 상태라, 추운 날에도 아이들이 따뜻하게 머물 수 있습니다. 지금의 초등학교 돌봄교실은 학교에서 가장 아늑한 느낌을 주는 곳으로 아이들이 머물기 위한 최적의 장소입니다. 우리 학교는 돌봄교실을 오후 6시까지 운영하고 있고, 간식도 무료로 제공하고 있습니다.

가끔 돌봄교실에 아이들이 잘 있는지 보러 갈 때가 있습니다. 아이들이 바닥에 배를 대고 누워서 책을 보거나 뒹굴거리면서 간식을 먹는 모습을 보면 괜히 저까지 마음이 따뜻해진답니다.

방학이 되면 학교는 수업을 하지 않고 쉬지만, 돌봄교실이나 방과후학교는 쉬지 않고 프로그램을 똑같이 운영합니다. 개교기념일이나 재량휴업일 등에도 학교마다 사정에 따라 긴급돌봄이라고 해서 돌봄이 필요한 학생을 대상으로 따로 돌봄교실을 운영합니다.

저희는 학교에서 사전에 긴급돌봄이 필요한 학생을 따로 조사해서, 신청하는 학생들이 있을 경우 돌봄교실의 문을 열고 그렇지 않을 경우는 운영하지 않기도 합니다. 이것도 학교마다 다르니, 가정통신문을 꼭 살펴보셔야겠지요.

돌봄교실에서도 아이들이 어떻게 생활하는지, 방과후 학교에선 어떤 내용의 수업을 하는지 학부모들이 직접 보고 들을 수 있도록 공개수업을 하고 있습니다. 저희도 학교에서 돌봄수업 공개일을 정해서 한 학기에 한 번씩 공개수업을 하고 있습니다.

공개수업을 할 때는 사전에 수업 참관을 희망한 학부모를 대상으로 하는 만큼 미리 신청서를 제출하셔서 직접 보고 오시면 좋겠지요. 학부모들이 남긴 수업 참관록이나 만족도 등은 모두 학교에 보고되고 기록됩니다. 여러 가지로 아이들이 안전하고 편안하게 학교에서 생활할 수 있도록 세심하게 신경 쓰고 있다는 것을 염두에 두시면 좋겠습니다.

그러면 늘봄학교는 무엇인가요?

늘봄학교는 따로따로 운영되던 방과후학교와 돌봄교실을 통합한 것입니다. 기존 방과후학교는 선택형 프로그램으로 운영되고, 돌봄교실은 돌봄 프로그램이 운영됩니다.

늘봄학교는 초등 1, 2학년 학생이라면 누구나 2개까지 무료로 맞춤형 프로그램을 신청할 수 있습니다(시도교육청에 따라 다를 수 있습니다). 앞으로 이 맞춤형 프로그램의 대상이 초등 6학년까지 확대될 예정이라고 하니, 더 많은 학생이 늘봄학교의 혜택을 보게 될 것입니다.

운영도 학교주도형이 있고, 지역연계형이 있고, 혼합형이 있습니다. 지역연계형은 지역사회 자원을 활용하는 것인데, 제가 근무하는 군산을 예로 들자면 늘봄학교 아이들을 위해 코딩이나 AI 활용 등을 가르쳐주는 센터가 따로 있습니다. 지역연계형은 이 센터에 가서 수업을 듣는 방식입니다.

프로그램도 창의적 체험활동(미술, 음악, 체육 등 예체능 관련), 학습지원(독서, 기초학습 보충), 생활교육(생활습관 형성, 사회성 교육), 특기적성 개발(코딩, 로봇, 외국어 등) 등으로 나누어 다양하게 제공하고 있습니다.

설명만 봐서는 다소 복잡해 보일 겁니다. 쉽게 정리하면, 무료로 제공되는 맞춤형 프로그램, 방과후학교에서 운영되던 선택형 프로그램, 돌봄교실의 돌봄 프로그램, 이렇게 세 가지 프로그램이 돌아간다고 생각하시면 이해가 더 쉽겠지요.

지금 초등학교에선 이 늘봄학교를 운영하기 위해 늘봄지원실장이라는 새로운 직위를 맡은 선생님들이 있습니다.

늘봄지원실장은 늘봄학교 관련 업무 전반을 맡은 분으로 학교에 행정실, 교무실이 있듯이 늘봄지원실이 별도로 있습니다. 지금은 학교 교무실에서 늘봄 관련 업무를 하지 않습니다. 늘봄학교 업무를 담당하는 교사도 없기 때문에 이와 관련한 문의는 늘봄지원실로 하시는 게 좋습니다.

아이 통지표는
어떻게 봐야 하나요?

아마 학부모가 가장 궁금해하는 것을 꼽으라면 단연 평가와 성적, 시험 등일 겁니다. 사실 이 부분은 모든 학부모가 궁금해하는 것이지만, 80년대나 90년대 학교에서 보던 것처럼 중간고사, 기말고사, 등수가 적힌 성적표, 수우미양가가 나와 있는 통지표 등은 이제 사라졌습니다. 어디에서도 보기 어렵지요.

그렇다면 학교는 어떻게 학생들의 학습능력을 평가하고 있을까요? 이 부분은 시도교육청마다 조금씩 다르기 때문에 자세한 내용은 해당 학교의 가정통신문을 참고하시는 게 가장 정확할 겁니다. 여기서는 제가 근무하는 전북교육청을 기준으로 설명드리겠습니다. 전북교육청에서는 우선 학기 초에 진단평가를 전체적으로 실시합니다. 전라북도 전

체 학생을 대상으로 하는 평가이기 때문에 모든 학생이 객
관적으로 평가의 기회를 갖습니다. 진단평가는 크게 국어,
수학, 영어를 보는데, 사회나 과학은 선택과목으로 필수과
목은 아닙니다.

진단평가로 본 국어, 수학, 영어 등은 학생이 기초학력
에 미달하는지 도달했는지를 판단하는 기준으로만 삼습니
다. 아이의 개별 점수가 몇 점이므로 반에선 몇 등에 해당하
는지, 전북 전체에서는 몇 등인지 등은 안내되지 않습니다.
학교에서는 아이의 기초학력 수준에 따라 맞춤형 개별지도
를 고민해서 지도합니다. 교과에 대한 보충지도를 개별적으
로 실시하고, 학부모가 동의하지 않는다면 진행하지 않습니
다.

이후, 학생들의 평가는 학업성적관리위원회라는 위원
회를 거쳐서 평가 계획을 세우고, 최종적으로는 학교운영위
원회에서 심의를 거칩니다. 평가를 통지하는 방식, 어떤 식
으로 평가 결과를 보여줄 것인지 하다못해 A, B, C, D로 할
것인지, 통지는 학기 말에 할 것인지 연말에 할 것인지, 이의
신청기간은 언제 어떤 식으로 운영할 것인지를 모두 학업
성적관리위원회에서 논의합니다. 학생 평가에 이렇게 까다
로운 절차를 둔 것은 그만큼 학생들의 평가에 학부모, 학생,
학교가 큰 관심을 갖고 있기 때문입니다.

평가 결과에 대한 이의신청기간도 있습니다. 학교에서 학생들의 평가 결과를 발송한 뒤에 평가 결과에 궁금한 부분이나 다른 의견이 있다면 학교에 정당한 절차를 거쳐서 의견을 제시할 수도 있습니다.

물론 이의신청이라고 해서 막무가내로 우기는 것을 뜻하는 건 결코 아닙니다. 학생의 특정과목 점수를 무턱대고 올려달라든가, 결과를 인정할 수 없으니 다시 점수를 매겨달라는 식의 항의는 받아들여질 수 없습니다. 평가에 대한 정확한 의견 제시만 가능하다는 점을 미리 참고하시면 좋겠습니다.

지금 설명한 내용은 모든 학교에서 똑같이 안내하는 부분입니다. 특별히 평가 관련 가정통신문을 잘 읽어보시면 무슨 말인지 충분히 이해할 수 있습니다. 요즘은 예전처럼 통지표로 수우미양가 식의 통지를 하지도 않거니와 초등에선 특히 점수나 등수가 아예 기록되지 않습니다. 모두 서술형으로 이러저러하다는 설명으로만 적혀 있습니다.

통지표 받아봐도 무슨 얘긴지 잘 모르겠어요

가끔 학부모들이 "통지표를 받아봐도 무슨 소리인지 잘 모르겠어요. 다 잘했다고만 돼 있어서 오히려 뭘 못하는 건지, 잘하는 건지 이해가 안 돼요” 하십니다. 이건 지금의 평가가 점수나 등수가 아닌 학생들의 성장에 초점을 두고 있기 때문입니다. 이걸 성장 평가라고 합니다. 학기 초에 비해, 처음에 비해 얼마나 나아졌는지를 이해하기 쉽게 설명해야 하기 때문에 서술형으로 쓰는 것입니다.

성장 평가의 가장 큰 특징은 학기 초에 비해 학생이 얼마나 학습에서 향상되었는지를 살펴본다는 데에 있습니다. 학기 초에 이러했는데 학기 말이 되니 이렇게 달라졌다는 부분을 중점적으로 설명하는 것입니다.

특히 과목별로 간단하게 등급을 매기는 게 아니라 아이들의 발달 정도, 향상 정도, 나아진 모습 등을 살펴서 기록하기 때문에 사실 교사들에겐 오히려 더 번거로워진 것이 사실이지요. 서술형으로 성장과 향상 정도를 적는 것과 수우미양가, 또는 A, B, C, D, E를 적는 것은 차원이 다른 문제니까요. 그만큼 더 많은 관심과 노력을 학교와 교사가 기울이고 있다는 점을 학부모들이 이해해주시면 좋겠습니다.

생활기록부에는 출결, 수상경력, 창의적 체험활동, 진로 등의 내용이 모두 기록됩니다. 이 부분은 나이스 학부모 서비스에서 열람이 가능합니다.

나이스 학부모서비스에서는
무엇을 봐야 하나요?

기본적으로 나이스 학부모서비스에서는 학교 정보, 자녀의 학교생활 정보, 자녀 평가 정보, 자녀 건강 정보 등을 제공합니다. 학교 정보는 학교에 대한 기본적인 정보, 주간 식단이나 월간 식단, 교과용 도서, 과목 및 담당교사 같은 내용을 제공합니다. 자녀 학교생활 정보에서는 과목 및 담당교사, 시간표, 출결 정보, 학교스포츠클럽 등을 볼 수 있습니다. 자녀 건강 정보에서는 PAPS 관련 내용을 볼 수 있고요.

이 모든 내용은 학생의 소중한 개인정보인 만큼 아무나 그냥 볼 수 없습니다. 학부모임을 인증하고, 정식으로 서비스 등록을 해야만 이용할 수 있습니다. 특히 디지털원패스, 간편인증 등 인증을 하고 들어가면 더 자세한 내용을 확인할 수 있습니다.

중학교 배정은
어떻게 하나요?

제가 근무하는 전북을 기준으로 설명드리면, 중학교는 학생의 실거주지를 기준으로 1지망부터 적게 돼 있습니다. 희망하는 중학교를 순서대로 1지망부터 끝까지 적으면 컴퓨터가 정한 순서에 따라 배정합니다. 말은 간단하지만, 결과는 무작위로 나옵니다.

중학교는 보통 학군제로 운영하고 있습니다. 지역에 학교가 많아서 어느 학교로 가는지 잘 모른다면 학구도안내서비스(http://schoolzone.emac.kr)에서 확인해볼 수 있습니다.

학구도안내서비스 홈페이지에 들어가서 아이가 다니는 초등학교를 입력한 다음 검색합니다. 중학교 탭을 누르면 해당 초등학교가 어느 학구에 해당하는지 알 수 있습니다. 사이트에서 배정이 가능한 중학교들을 확인했다면 그다음은 원서를 쓰는 것입니다. 배정을 희망하는 학교를 순서대로 쓰는데, 컴퓨터가 정한 순서에 따라 무작위 배정을 받게 됩니다.

말 그대로 무작위이고, 사람이 조작하는 것이 아니므로 누가 어느 학교로 배정받을지는 아무도 모릅니다. 간혹 인기 있는 학교의 경우, 지원자가 많기 때문에 추첨을 해서 학교가 결정되기도 합니다.

지역마다 다르지만 중학교 희망원서는 보통 6학년 2학기 말에 씁니다. 최종 배정 결과는 1월경에 발표되곤 합니다. 우리 학교는 지역 특성상 아직까지는 직접 손으로 원서를 작성하고 있는데요, 요즘은 온라인으로도 쉽게 작성할 수 있습니다.

초등학교 졸업 무렵 이사해도 될까요?

혹시라도 이사를 할 생각이 있는 가정이라면, 중학교 배정을 신청하기 전에 이사하는 게 좋습니다. 중학교 배정을 신청한 다음에 이사를 하게 되면 이사한 곳과 멀리 떨어진 학교로 배정받을 수도 있기 때문입니다.

물론 모든 학생이 똑같은 조건으로 배정하는 것을 원칙

으로 하지만, 사회적으로 배려가 필요한 특수교육 대상 학생이나 다문화가정 학생 등은 특별 배정을 하기도 합니다. 이 경우도 증빙서류를 제출해야 하기 때문에 어떤 서류를 제출해야 하는지 면밀히 살펴두는 게 좋겠지요. 모든 건 학교에서 가정통신문으로 자세하게 안내해주고, 지역 교육청에 따라 세부적인 내용이 달라질 수 있으니 가정에서 꼭 확인하셔야 합니다.

저는 6학년 담임을 할 때 중학교 배정원서를 쓰면서 항상 똑같이 말해주곤 했습니다. "원하는 중학교 배정받을 수 있도록 각자 집에 가서 기도해라"라고요. 이 컴퓨터 배정은 말 그대로 랜덤, 무작위입니다.

"우리 애는 왜 ○○중학교로 갔나요? 우리 애 말고는 아무도 그 학교로 안 갔던데, 무슨 문제 있는 거 아닌가요?" 이렇게 물어보시는 학부모들이 실제로 가끔 있습니다. 하지만 누가 어느 학교로 배정받을지는 아무도 모릅니다. 담임 교사나 학교는 물론이고 교육청에서 업무를 담당하는 담당자도 모릅니다. 100퍼센트 무작위 컴퓨터 배정이기 때문에 누가 어느 학교로 갈지 알 수 없지요. 오로지 운에 맡길 뿐입니다.

중학교 재배정 정말 안 되나요?

학구 위반은 법률로 엄격하게 금지하고 있습니다. 초등학교도 학생의 주민등록등본상 주소지가 어디냐에 따라서 입학할 학교가 정해집니다. 중학교도 똑같습니다. 원칙적으로 같은 학교군이라면 전학이 불가합니다.

그나마 초등학교는 학교가 상대적으로 많지만, 중학교는 학교 수도 적습니다. 한 번 배정되면 이 학교, 저 학교 마음대로 옮겨 다니거나 할 수 없습니다. 중학교는 학구로 엄격하게 관리되기 때문에 다른 시도로 가족 전체가 이사 가서 주소지가 완전히 옮겨져야 하는 경우가 아니라면 원칙적으로 전학이 불가능합니다.

실거주지와 다른 학교로 가면 안 되나요?

초등학교든 중학교든 주민등록등본상 주소지에 따라 학교에 가게 됩니다. 이건 법률로 엄격하게 정해진 만큼 거주지가 아닌 곳의 학교로 가는 것은 원칙적으로 불가합니다. 가끔 그래도 방법이 있지 않겠냐고 묻는 분도 있는데요, 그럴 때마다 "원칙적으로 불가능합니다"라고 답을 드리게 됩니다.

왜 굳이 법률로 학구를 위반하지 않도록 정해놨을까요? 법률로 제한하기 전엔 사람들이 주소지를 아무렇게나 속이면서 학구를 넘나들었기 때문입니다. 가끔 유명인들이 학구를 위반하여 자녀의 학교를 보냈다는 것이 들통나서 곤욕을 치르는 걸 보셨을 겁니다.

학구를 법률로까지 제한한 것은 자칫 학구 위반이 어떤 학생에겐 불공평하게 작용할 수 있기 때문입니다. 교육에 있어서만큼은 국민 모두가 최소한의 공정한 룰을 지키기 위한 것입니다. 학구에 관해서는 어떤 학교에 문의하셔도 똑같은 답을 들으실 수밖에 없다는 것을 알려드립니다.

학교에서 아이들을 가르치는
교사들의 삶에 대한
전반적인 이해를 돕기 위한 장입니다.
선생님이 어떤 일을 하고
어떤 생활을 하는지 함께 살펴볼게요.

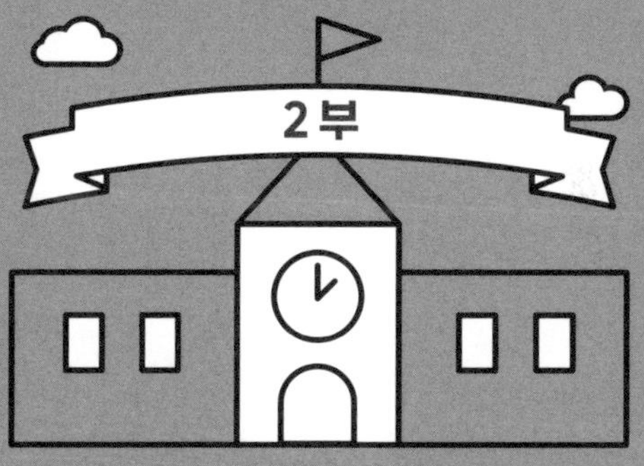

선생님이
궁금합니다

학부모 상담에서는
무슨 이야기를 하나요?

학부모 상담 주간의 경우 예전에는 한 학기에 한 번, 일주일 정도 기간을 두고 하는 게 보통이었습니다. 정해진 기간에 한다고 해서 정기상담이라고 하지요. 요즘은 학기에 한 번씩 하던 상담을 학부모와 교사가 상의해서 필요할 때마다 하는 수시상담으로 하는 경우가 많아졌습니다.

물론 수시상담이라고 해서 아무 때나 할 수 있는 것은 아닙니다. 사전에 교사와 약속하거나 예약된 상담이 아닌 경우는 진행이 어려울 수 있습니다.

학부모가 원하면 교사가 언제든 상담해줘야 하는 게 아닌가 의문이 들 수도 있지만 지금은 '교권 보호 4법'이라고 해서 교사의 정당한 교육활동을 법률로 엄격하게 보장하고 있습니다. 교사가 학생에 대한 생활지도를 하거나 수업을 하는 과정을 교육활동이라고 하는데, 이 교육활동을 정당하게 학교장의 승인에 따라 한 것에 대해서는 학부모가 이의를 제기하거나 아동학대로 신고한다고 해도 이에 대한 책임을 물 수 없게 법률로 보호하고 있습니다.

학부모 상담도 이 연장선에서 제한을 두고 있습니다. 교육부에서 제시한 학생생활지도고시안을 보면 이렇게 명시돼 있습니다.

교사와 학부모의 상담은
· 근무 시간 이내에,
· 직무 범위 이내의 것에 대해,
· 사전에 약속되거나 예약된 상담에 한하되,
그렇지 않은 경우는 거절할 수 있다.

이는 교사가 교육 전문가로서 소신껏 교육철학을 펼칠 수 있도록 돕기 위함입니다. 학부모와 교사는 필요하다면 언제든 서로 머리를 맞대고 아이의 교육을 위해 이야기를 나누어야 합니다. 다만 많은 수의 학생을 동시에 지도해야 하는 교사의 현실을 고려할 때, 잦은 개별 요구가 이어지면 교육활동에 어려움이 생길 수 있습니다. 교사가 정당한 교육활동을 안정적으로 이어갈 수 있도록 가정에서도 이해와 협조를 해주시면 좋겠습니다.

어떤 이야기를 준비해가면 좋을까요?

학부모와 교사가 자주 얼굴을 보고 이야기를 나눌 수 있는 것이 아닌 만큼 한 번 잡은 상담은 잘 준비해서 가시는 게 좋습니다. 담임교사와 상담하게 된다면 다음 설명드리는 세 가지 정도만 기억하고 가셔도 큰 도움이 됩니다.

첫째, 신체적인 면에 대해서 이야기 나누세요.

아이의 특이질환이나 병력에 대해 담임교사가 알아두는 것이 여러모로 좋습니다. 가끔 아이에 대해 이상하게 생각하면 어쩌지, 하는 우려를 가진 학부모들도 있는데요, 담임교사는 학교에서 아이의 보호자와 마찬가지입니다. 아이가 가진 질병이나 질환에 대해서는 미리 꼭 이야기해주시는 게 좋습니다. 그래야 위급상황이나 응급상황에서도 빠르게 대처할 수 있습니다.

특히 시력이 안 좋거나 편식을 심하게 하거나 알레르기나 아토피가 있거나 하는 경우는 담임교사에게 미리 상의하고 배려를 부탁하시는 게 좋습니다.

둘째, 정서적인 면에 대해서만큼은 교사의 이야기를 경

청해주세요.

교사는 객관적인 태도로 아이를 바라봅니다. 요즘의 대한민국에서 교사가 특정 학생을 편애한다거나 차별하는 일은 찾아보기 어렵습니다. 혹시라도 아이의 정서적인 측면에 대해서 교사가 가정의 협조를 구하는 부분이 있다면 객관적인 말이라고 믿고, 적극적으로 귀 기울여야 합니다.

담임교사는 교실에서 돌아가는 전체적인 흐름과 관계들을 누구보다 정확하게 알고 있습니다. 제가 제아무리 교감으로서 학교 전반의 상황을 알고 있어도 1학년 2반 교실 김수아가 어떻게 생활하는지는 전혀 모릅니다. 6학년 4반 교실의 최재민이 누구랑 친한지도 모릅니다. 그건 그 반 담임교사가 가장 잘 압니다.

정서적인 측면에서는 그 누구보다 담임교사의 의견을 적극적으로 경청해야만 아이가 교실에서 어떤 태도로 생활하는지를 그나마 짐작이라도 할 수 있습니다. 담임교사의 의견을 주의 깊게 듣지 않는다면 학교생활과 집에서의 생활이 전혀 딴판인 아이가 되어도 사실 가정에선 알 방법이 없습니다.

'선생님 말씀과 우리 애 말이 다른데? 아이 말이 맞겠지. 혹시 선생님 편한 대로 이야기하는 건 아닐까?'라고 생각하게 되면 담임교사의 말은 더 이상 도움이 되기 어렵습니다. 학교에서, 교실에서, 아이들 사이에서 일어나는 일을 가장 잘 아는 교실 속 유일한 어른이 교사라는 사실을 잊지 않으셨으면 합니다. 가능하다면 담임교사의 말을 주의 깊은 태도로 경청하고, 가정에선 어떤 식으로 지도하는 게 좋을지 교사에게 조언을 구하는 것이 바람직합니다.

이와 반대로 가정에서 생각하는 것보다 교사가 아이 일을 대수롭지 않게 이야기한다고 어떻게 그럴 수 있냐, 화를 내시는 학부모도 가끔 보곤 합니다. 그런데 교사는 매년, 매월, 매일, 매시간 밥 먹고 하는 일이 애들 가르치고 학생들 보는 일입니다. 전체적이고 큰 흐름 속에서 아이가 잘 지내고 있다고 교사가 이야기했다면 일단은 그 이야기를 신뢰하고 받아들여도 괜찮습니다. 저도 담임교사로 학생들을 가르칠 때 정말 괜찮은 경우라면 "괜찮습니다. 정말 잘 지내고 있으니, 너무 염려하지 마시고 믿고 맡겨주세요"라고 말하곤 했습니다.

셋째, 지금 당장 잘하는 과목, 못하는 과목은 중요하지 않습니다.

학부모들은 우리 애가 수학을 잘하나, 과학을 잘하나, 영어를 잘하나, 같은 부분을 주로 궁금해합니다. 특히 궁금한 부분은 '비교적, 상대적으로, 다른 애들에 비해서, 잘하는가'입니다.

그런데 장기적으로 봤을 때 정말 중요한 건 그런 게 아닙니다. 교육자로 평생을 살아온 제 기준에서 무엇보다 중요한 것은 아이의 성장입니다. 학습적인 측면에서는 어떤 학년, 어떤 학교에서든 꾸준히 긍정적인 쪽으로 상향 성장을 보여주는 아이가 되도록 노력해야 합니다. 그러기 위해서는 무엇보다 지금 당장 몇 점 맞았고, 지금 당장 어떤 학원에 가야 하느냐가 중요한 것이 아닙니다. 아이가 학습에서 어떤 부분을 열심히 하고 있고, 어떤 부분이 나아지고 있는지, 바로 이 부분이 중요합니다.

학부모 상담을 하러 가실 때에는 앞서 살펴본 세 가지 관점으로 나누어서 질문을 준비하시는 게 좋습니다. 질문이 구체적일수록 교사로부터 더 도움이 되는 답을 들을 수 있기 때문입니다. "잘하고 있나요?"라고 묻는다면 대부분 "네, 잘하고 있습니다"라는 답으로 끝나기 쉽겠지요.

"선생님, 학기 초반에는 사회 과목에서 낯선 개념어들이 많다고 어렵다는 말을 종종 하더라고요.(아이가 어려워한 부분) 아이 딴에는 열심히 복습한다고 했는데요.(아이가 노력한 부분) 학교에선 어떤지요, 어려워하던 부분이 조금이라도 나아졌을까요?(아이가 나아진 부분에 대한 질문)"

이렇게 정확하게 물어야 구체적인 답을 들을 수 있습니다. 몇 번 연습해보면 입에 착 붙으실 겁니다.

상담에서 주의해야 할 점은요?

학부모 상담이 학부모에게도 어려운 시간이겠지만, 교사도 그렇습니다. 긴장되고 떨리는 마음이 드는 건 똑같습니다. 사실 교사로서 학부모 상담을 하고 나서 가장 찜찜하고 불편한 기분이 들었던 말은 따로 있습니다. 작년 담임이나 다른 교사와 비교하는 말입니다.

"작년에는 단원평가를 자주 봐서 아이가 공부에 신경을 썼는데, 올해는 선생님이 안 해주시니까 아이가 공부에 신경을 안 쓰는 것 같아요."

"옆 반은 반티 만들던데, 우리 반은 안 하나 봐요."

물론 교사들도 학부모가 어떤 마음으로 이런 이야기를 꺼내는지 심정적으로는 이해합니다. 아이에게 더 좋은 것, 더 많은 것을 주고 싶은 마음이지요. 하지만 아무래도 이런 말은 교사에게 불편하고 찜찜한 마음을 남길 수밖에 없답니다. 앞으로는 이렇게 표현해보세요.

"선생님, ~ 하는 부분 정말 감사하게 생각해요.(긍정적인 부분 먼저) ~ 부분도 있을 것 같은데요, 그런 부분도 고려해주실 수 있을까요?(원하는 건 나중에) 선생님께서 학급을 위해 가장 좋은 판단을 내리시겠지만, 이런 마음도 있다는 것 살펴봐주시면 좋겠습니다.(상대를 존중하는 태도로 말하기)"

아마 학급을 위해 더 나은 방법을 다양하게 고민하는 교사라면 분명 이만큼만 이야기해도 학부모의 마음을 충분히 이해하고 반영도 해주실 겁니다. 서로 불편하거나 불쾌하지 않게 대화하는 것은 모든 인간관계의 기본입니다. 교사와 학부모도 마찬가지이지요.

14

학급 자리 배치는
어떻게 하나요?

아마 새 학기가 시작되면 학부모들이 가장 궁금한 것 중 하나가 자리 배치일 겁니다. 어떤 모둠 친구를 만날지, 어떤 친구가 짝꿍이 될지도 궁금하실 거고요.

그런데 이건 딱히 정해진 답이 없습니다. 학급을 맡고 있는 담임교사가 생활지도, 학습지도, 학생 성향 등에 따라 정하는 문제라 학교에서도 이렇게 해라 저렇게 해라 이야기하지 않습니다. 어떤 학급에서는 제비뽑기로 자리를 정하기도 하고, 어떤 학급에서는 키 순서대로 앉히기도 합니다. 또 어떤 학급에서는 번호대로 앉기도 합니다. 이건 교사의 재량이라 어떤 것도 옳다 그르다 말하기가 어렵습니다.

짝꿍은 언제 바꾸나요?

짝을 바꾸는 것도, 모둠을 바꾸는 것도 모두 담임교사 몫입니다. 언제 어떤 식으로 자리 배치를 하고, 짝꿍을 바꿀지도 포함해서 말입니다.

설사 담임교사가 자리를 바꾸지 않고 한 학기 내내 그대로 간다고 해도 이건 담임교사가 알아서 하는 문제이기 때문에 학교에서 '그건 아니지 않나, 다시 해보는 게 어떨까' 같은 의견을 전하지는 않습니다. 학부모가 의견을 제시할 수 있을지는 몰라도 이 역시 참고만 할 뿐, 자리 배치, 모둠 구성 등은 담임교사 재량의 몫이라는 점 참고해주시면 좋을 것 같습니다.

우리 반은 자리를 너무 자주 바꿔요

저는 과목별로 자리 배치를 바꾸거나 단원별로 바꾸기도 했습니다. 때로는 프로젝트 학습 과정에 따라 모둠을 바꿔주기도 했고요. 이런 자리 배치는 복잡해 보여도 반 학생들이 정확하게 이해만 하면 알아서 책상 배치도 바꾸고, 자리도 다 바꿉니다. 전혀 어렵지 않습니다. 몇 번 연습하면 아이들이 척척 잘 해낸답니다.

예를 들어서 똑같은 사회 과목이라고 해도 역사 단원에서 단원의 개관을 설명해야 할 때는 1자로 앉아서 담임교사의 설명을 정신 바짝 차리고 듣는 게 낫습니다. 전체가 설명을 들어야 하는 상황이기 때문입니다. 하지만 강화도 조약의 부당함을 이해하고 서로 이야기를 나눠보는 수업이라면 모둠 형태로 앉는 것이 좋습니다.

즉, 자리 배치는 기본적으로 담임교사의 지도와 판단에 따라 이루어집니다. 자리를 자주 바꾸는 경우라 하더라도 단원의 특성, 교과와 수업의 특성, 학생 개개인의 상황 등 여러 요소를 종합적으로 고려해 담임교사가 재량껏 결정하고 있음을 이해해주시면 좋겠습니다.

아이들 번호는
어떻게 정하나요?

저는 초등학교 때 한 반에 49명씩 있는 학급에서 공부했습니다. 콩나물이 빼곡히 차 있던 시루 같은 교실이었습니다. 같은 반 친구들 번호를 다 외우기도 보통 일이 아니었지요. 중학교 때도 교실 상황은 별반 달라지지 않아서 한 반에 46명, 47명씩 있었습니다. 고등학교 때도 40명이 기본이었고요.

지금은 많이 달라졌습니다. 제가 처음 교사를 했던 시절만 해도 생년월일이나 키 순으로 번호를 매겼고, 보통은 남학생 먼저 그다음 여학생 순으로 배정됐습니다. 지금은 성을 기준으로 순서를 매기는 경우가 대부분입니다. ㄱ, ㄴ, ㄷ 순으로 번호를 배정하는 식입니다. 남학생이나 여학생 모두 섞여 있고요. 남자가 앞번호를 받고 여자가 뒷번호를 받는 것은 남녀차별 중 하나로 지적됐던 부분이라, 이 부분을 반영한 것입니다.

그렇다면 전학 오는 아이는 어떻게 번호를 배정받을까요? 전학을 가면 보통은 가장 끝번호를 받습니다. 중간에 다른 아이들 번호를 바꾸는 것이 사실상 불가능하기 때문이지요. 학급 학생 수가 17명인 반에 전학생이 오면 18번이 되겠지요. 여자든 남자든 상관없이 매겨지는 것이라 전학생은 맨 끝번호를 받는 게 일반적입니다.

학적은 한 번 정해지면 바꾸기가 매우 어렵습니다. 실제로 학교에서는 학교생활기록부에 잘못 찍은 점 하나가 있더라도 담임 마음대로 삭제할 수 없답니다. 이조차도 학업성적관리위원회를 열어서 회의하고, 규정을 따져가면서 논의해야 합니다. 그렇기에 한 번 배정받은 번호는 사실상 바꾸기가 어렵습니다.

전학 오는 아이는 반을 어떻게 배정하나요?

학생이 전학을 오면 가장 일반적인 방법으로는 학생 수가 가장 적은 학급으로 배정합니다.

1반	2반	3반	4반	5반
27명	26명	24명	26명	25명
남14명 여13명	남12명 여14명	남13명 여11명	남14명 여12명	남14명 여11명

위와 같은 경우라면 3반으로 배정할 확률이 높습니다. 그렇지 않고, 학생 수가 27명인 1반으로 전학생을 배정하게 되면 1반은 학급당 학생 수가 28명이나 되기 때문이지요. 이 점을 염두에 두시면 전학 갈 때도 대충 어느 학급에 가겠구나 예상할 수 있겠지요.

물론 무조건 학생 수가 적은 반으로 배정하는 건 아닙니다. 위 상황에서 여학생이 전학을 온다면 여학생이 가장 적으면서 학생 수도 적은 3반으로 배정할 겁니다. 그런데 만약 학생 수가 모두 비슷한 상황을 가정해볼게요.

1반	2반	3반	4반
27명	25명	26명	25명
남14명 여13명	남12명 여13명	남14명 여12명	남14명 여11명

이런 상황에서 남학생이 전학을 온다면 학생 수가 적으면서도 남학생이 적은 학급으로 배정하겠지요. 즉, 학생 수는 동일하지만 남학생이 상대적으로 적은 학급인 2반에 배

정할 겁니다. 이왕이면 남학생 수와 여학생 수가 비슷하도록 성비를 맞추려 하기 때문입니다. 이때도 마찬가지로 번호는 전학생이 가장 끝번호가 됩니다.

16

담임선생님도
휴가를 가나요?

전에 "담임선생님이 갑자기 학교에 안 왔는데, 어떻게 그럴 수 있어요?"라고 물으시는 학부모를 본 적이 있습니다. 당연한 이야기지만, 담임교사도 사람이니 갑자기 사정이 생겨서 학교에 안 나올 수도 있고, 몸이 아파서 쉴 수도 있습니다. 평범한 직장인들이 이런저런 사정이 생기면 직장에 연차 등을 내고 쉬듯이 교사도 똑같이 쉴 권리를 보장받고 있는 것이지요.

특히 대한민국 초등학교는 95퍼센트 이상이 공립학교인 만큼 아이들의 담임교사도 대부분 공무원입니다. 그렇기에 다른 공무원과 마찬가지로 휴가에 대한 법적인 보장을 받고 있습니다.

모든 직장인에게는 일할 권리가 있듯이 쉴 권리도 있습

니다. 교사도 직장인이고, 법률로 엄격하게 관리되는 공무원 신분을 가지고 있기 때문에 쉴 수 있는 권리가 있습니다. 이건 법률에서 보장하는 권리인 만큼 혹시라도 교사가 쉬는 일이 있다 하더라도 가정에서는 넓은 마음으로 배려해주시고, 아이에게도 다른 직장인들과 똑같이 법적으로 보장되는 권리라고 이야기해주시면 좋겠지요.

교사의 휴가는 그 종류가 다양하고 많습니다. 모두 학교장이 사전에 승인해야 하는 것이기 때문에 학교에서도 모두 상황을 알고 허락한 상태의 휴가라고 생각하시면 됩니다.

교사가 사용할 수 있는 휴가에는 먼저 연가가 있습니다. 연가는 경력에 따라 쓸 수 있는 일수가 달라집니다. 경력이 많은 교사는 21일 이상 쓸 수 있지만, 신규교사는 1년에 최대 10일을 쓸 수 있는 식입니다. 연가는 다시 조퇴와 지각, 외출 등으로 나뉩니다. 조퇴는 퇴근을 앞당겨서 한다는 뜻으로 조기퇴근을 줄여서 조퇴라고 부릅니다. 외출은 근무지에서 바깥으로 나가는 상태로 출장과 다르게 사적인 용무를 보기 위한 것을 말합니다. 지각은 직장에 출근해야 하는 시각보다 늦게 출근하는 것으로, 보통 교사들이 8시 30분이면 출근하는데 이보다 늦게 출근하는 형태를 지각이라고 합니다.

질병에 따른 휴가는 병가라고 부릅니다. 질병에 대한 치료를 목적으로 하는 만큼 교사에게 병가는 1년에 60일까지 보장됩니다. 이래저래 감염병이 유행하거나 뜻하지 않은 사고로 입원을 하거나 기타 여러 사유로 교사가 아파서 학교에 못 오는 일이 생길 수도 있습니다.

특별 휴가도 있는데, 특별 휴가는 경조사 휴가를 포함하는 휴가를 말합니다. 경사는 결혼, 출산 등이 있습니다. 교사 자신의 결혼이나 자녀 등의 결혼을 위해 휴가를 사용할 때는 이런 특별 휴가를 사용합니다. 요즘처럼 저출산인 시대는 아이를 낳고 키우기 위해 사용해야 하는 출산휴가가 매우 중요할 수밖에 없습니다. 자녀의 출산이나 배우자의 출산일 경우도 2025년부터는 20일까지 쉴 수 있게 됐습니다. 그것도 필요에 따라 나누어서 사용할 수 있습니다. 배우자, 직계존비속의 사망 등 장례식에 참석해야 하는 경우에도 경조사 휴가를 사용합니다.

이 밖에 공가도 있습니다. 공적인 업무 수행을 위해 학교를 비우게 되는 경우에 쓰는 휴가입니다. 예를 들면 민방위 훈련을 가야 하는 젊은 남자 선생님의 경우 공가를 사용하기도 합니다. 모든 공무원은 2년에 한 번씩 신체검사를 의무적으로 받아야 하기 때문에 신체검사를 하러 가야 하는 경우 공가를 사용합니다.

선생님이 휴가면 아이들을 누가 가르치나요?

교사에게 사정이 생겨서 휴가를 쓰게 되면 학교에서는 수업 결손이 생기지 않도록 여러 가지 측면에서 촘촘하게 지원합니다. 어떤 경우여도 수업을 대충 생략해버리거나 맘대로 안 하거나 아이들끼리만 교실에 내버려두거나 하는 일은 절대 없으니, 이 부분은 안심하셔도 됩니다.

학교에서는 여러 다양한 상황으로, 간혹 임시로 아이들을 맡아줄 교사를 채용하는 경우도 있습니다. 임시로 담임이 되어서 아이들과 함께해주시는 선생님을 선발할 때도 모두 여러 단계의 심사와 면접 등을 거쳐서 매우 엄격하게 선발합니다. 교사자격증이 있는 정교사들이 담임교사가 되어 아이들을 지도해주시는 데다가 성범죄 조회, 범죄경력 조회 등 여러 가지를 살피고 따집니다. 어떤 경우라도 아이들을 위해 최선을 다해주실 좋은 선생님을 학교에서 지원해준다는 것을 믿고 맡겨주시면 좋겠지요.

우리 선생님은 오후 2시 반 이후 전화가 안 돼요

교사가 어린 자녀를 양육해야 하는 경우에는 육아시간을

사용하기도 합니다. 육아시간이란 공무원이 자신의 자녀를 양육하기 위해 정해진 퇴근시간보다 최대 2시간까지 이른 퇴근을 하여 아이들을 돌보도록 한 제도입니다.

육아시간은 자녀가 초등 2학년일 때까지만 사용할 수 있기 때문에 어린 자녀를 둔 교사들에겐 매우 소중한 시간이지요. 여자 교사에게만 해당하는 시간이 아니라 남자 교사에게도 똑같이 적용되는 제도로, 아이가 어리다면 육아시간을 쓰고 퇴근해서 아이와 함께 지낼 수 있습니다.

만약 아이의 담임교사가 육아시간을 쓰는 교사라면 퇴근시간이 두 시간 앞당겨져 있다고 생각하셔야 합니다. 교사가 임의로 조퇴를 하고 집에 가는 것이 아니라 법적으로 보장받는 제도적인 혜택을 받는 것입니다. 이 시간대에 연락하면 연결이 어려울 수밖에 없습니다. 아이를 돌보다 보면 현실적으로 전화 받기가 어려울 뿐 아니라, 실질적으로도 이미 퇴근한 상태입니다.

학생의 안전 문제나 신변에 위협이 생긴 긴박한 상황이 아니라면 원칙적으로 교사의 사생활을 지켜주시고, 똑같이 아이 돌보는 부모의 마음으로 배려해주시면 좋겠습니다. 실제로 저도 학교에서 육아시간 쓰는 교사들이 집에 일찍 가서 아이들을 돌볼 수 있도록 최선을 다해 배려하고 있습니다.

이 밖에도 출퇴근 시간을 유연하게 조정할 수 있도록
한 유연근무도 있지만, 현실적으로 교사들은 수업을 해야
하기 때문에 유연근무제를 사용하는 경우가 드뭅니다.

선생님 퇴근시간은
왜 빠른가요?

예전에 한 커뮤니티에서 이슈가 되었던 게시글이 있었습니다. "교사들은 도대체 언제 일하는 겁니까? 우리 선생님은 아침에는 연락이 안 돼요. 일반 직장인들은 오후 6시까지 일하는데, 교사들은 너무 편하게 일하는 거 아닌가요?" 대기업에 다니는 직장맘이 올린 문제 제기에 반론과 재반론이 이어지며 크게 화제가 되었지요.

교사들의 근무시간은 보통 오후 4시 반에서 5시 정도면 끝이 납니다. 저는 도 교육청에서 장학사로 7년 동안 근무했는데, 그때는 오전 9시에 출근해서 오후 6시 퇴근하는 일상을 살았습니다. 흔히 말하는 나인 투 식스의 삶이었지요. 장학사들은 지방직 공무원 신분이기 때문에 다른 공무원들과 마찬가지의 일과를 보냅니다. 점심시간은 휴게시간으로 일하지 않고 쉽니다.

모든 노동자에겐 4시간 일하면 반드시 1시간을 쉬게 하도록 노동법에서 정해두었기 때문에 휴게시간이 있어야 합니다. 학교에서 근무하는 돌봄전담사 같은 교육공무직은 이 휴게시간을 근무시간 전후로 해서 반드시 가져야 합니다.

반면 교사들은 사정이 다릅니다. 교사는 점심시간에 쉬지 않습니다. 학생들을 지도하거나 다른 업무를 처리하는 등의 일을 해야 합니다. 근무를 하는 근무시간인 것이지요. 점심시간이 휴게하는 시간이 되지 않기 때문에 교사는 이 휴게시간을 뒤로 가질 수 있고, 이를 근거로 다른 공무원보다 한 시간 빨리 쉴 수 있습니다.

점심시간에도 교사는 쉴 수 없거니와 쉬지도 않습니다. 우리 학교에도 많은 교사가 있지만, 누구도 점심시간에 교실을 비우고 아이들을 내버려둔 채로 마음대로 외출하고 아무 데나 돌아다니지 않습니다. 교사들은 점심시간에 각자 교실에서 아이들과 함께 다양한 일을 하거나 수업을 준비합니다.

게다가 현실적으로 학생들이 9시에 등교하는 것이 아니기에 수업을 준비하고, 학생들의 아침자습 등의 활동을 지도해야 하는 학교 여건상 30분 일찍 출근하게 돼 있습니다. 30분 일찍 출근하는 만큼 다시 일과가 30분이 당겨져 오후 4시 30분에 퇴근할 수 있는 근거가 됩니다.

평범한 공무원이 오후 4시 30분에 퇴근하려면 그들 역시 교사처럼 30분 일찍 출근하고, 점심시간에도 업무를 처리해야겠지요. 하지만 행정지원센터에만 가도 점심시간에는 업무를 보지 않고 쉰다는 것을 아실 수 있을 겁니다. 이렇듯 요즘은 공무원들조차 휴게시간을 지키려고 노력합니다. 법적으로 보장받는 노동자의 권리이기 때문입니다.

교사가 일하는 시간 내내 쉬지 않는 것은 사실 교사 자신에겐 과한 부분이 있는 것도 사실입니다. 아이들과 함께하는 동안에는 화장실 갈 새도 없이 지내야 하는 것이 현실이니까요. 제가 아는 한 1학년 담임교사는 화장실 갈 새가 없어서 1학년 담임을 맡고 나서 한 달 만에 방광염에 걸리기도 했습니다. 3월 한 달 내내 화장실을 제때 가지 못해 생긴 일이었습니다. 이런 사정을 생각한다면 교사가 쉬지 않는 것에 대해서도 조금 넓은 마음으로 바라봐주실 수 있지 않을까 싶습니다.

선생님에게 전화하려면 언제 해야 할까요?

교사들은 학생들이 하교한 후, 다음날 수업을 준비하고 밀린 업무를 처리하는 등의 시간을 갖습니다. 이 시간대에는 통화하거나 연락하면 연결이 되는 경우가 많을 겁니다. 이 때를 이용해서 교사와 연락하시는 게 좋겠지요.

다만, 아이에 대한 상담이나 조언을 듣고 싶은 경우라 해도 사전에 언제 편하게 통화할 수 있는지 물어보고 나서 통화하시는 게 좋겠습니다. 앞서 말씀드렸듯이, 현재는 교사의 교육활동이 법적으로 보호되고 있어 사전에 예약되고 약속된 상담을 원칙으로 하고 있습니다. 이러한 절차를 함께 지켜주시면, 보다 의미 있는 상담이 이루어질 것입니다.

선생님께 선물하면
안 되나요?

"담임선생님이 결혼을 하시는데 예식장도 안 알려주시더라고요." 섭섭한 마음을 토로하신 학부모가 계셨습니다. 예전엔 교사가 결혼할 때 학생들이 참여해서 축가를 불러주기도 했습니다. 저도 결혼할 때 저희 반 아이들이 축가를 불러줬습니다. 지금은 교사가 결혼한다고 해도 학생이나 학부모에게 알리지 않는 경우가 대부분입니다. 가끔 SNS에서 학생들이 축가를 부르는 영상을 보긴 했는데, 제 주변에서는 한 번도 보지 못했습니다.

청탁금지법인 김영란법에서는 직무관련성이 있는 대상에게 선물이나 금품을 제공받지 않도록 하고 있습니다. 학부모와 담임교사 사이에는 직무관련성이 있기 때문에, 축의금을 주고받는 일이 원칙적으로 불가합니다. 결혼하는 당사자가 설사 담임이 아닌 교과전담 교사라고 하더라도 축의금을 받아서는 안 됩니다. 학부모는 교사에게 축의금뿐만 아니라 선물, 상품권 등 일체의 금품 제공을 하면 안 됩니다.

스승의 날 감사인사는 어떻게 전하나요?

김영란법에 따르는 공립학교 교사는 일체의 금품을 받을 수 없습니다. 학부모가 담임교사에게 감사인사를 전하고 싶다면 금품이 아닌 카드나 편지 정도만 가능합니다.

예외가 있기는 합니다. 직무관련성이 없는 경우입니다. 졸업을 했거나 상급학교로 진학했다면 교사와 직무관련성이 없어집니다. 이때는 5만 원 이하 선물은 허용됩니다. 이것도 금액이 넘으면 안 되고요.

과거 담임교사였던 선생님도 직무관련성이 없다고 봅니다. 이전 학년이나 전전 학년 담임교사라면 지금 아이를 담임하지 않기 때문입니다. 이때도 5만원 이하 선물은 가능합니다.

또한 사회 상규상 허용되는 부분도 있습니다. 스승의 날에 학생 대표가 공개적으로 제공하는 카네이션이나 꽃은 허용됩니다. 앞에서 살펴본 결혼식에서 학생들이 축가를 부르는 것도 허용하고 있습니다. 축가를 부르는 행위는 금품이 아니고, 사회 상규상 허용하는 부분이기 때문이지요.

원칙적으로 학부모가 지금 담임교사에게 금품을 제공해선 안 된다는 부분을 명확하게 기억하시면 될 것 같습니다. 특히 5만 원 이하라도 직무관련성이 있는 교사에게 선물해서는 안 된다는 점도 기억하셔야겠지요. 참고로 금품은 현금, 상품권, 기프티콘 등이 모두 해당됩니다.

담임선생님이
너무 무섭대요

전에 2학년을 담임했을 때 일입니다. 학부모들이 학교에 민원을 제기하셨던 적이 있습니다. 담임교사가 너무 무섭다, 아이들에게 무뚝뚝하다, 쉬는 시간을 빼앗았다는 내용이었습니다. 그때 제가 느꼈던 상실감과 속상함, 억울함은 지금도 어떻게 말로 다 설명할 수가 없습니다. 그런데 시간이 흐르고 학부모들의 오해가 풀리면서 오히려 더욱 뜨겁고 든든한 지지와 응원을 받았던 기억이 납니다. 이 일을 계기로 저 자신을 깊이 돌아보게 됐습니다. 무엇보다 저 자신은 아이들을 위해서 최선을 다하고 있다고는 해도 충분히 설명하지 않는다면 학부모와 교사 사이에 오해가 생길 수도 있다는 것을 깊이 깨달았습니다.

학교와 가정 사이에는 꽤 먼 거리가 있습니다. 학부모

가 아이의 눈을 통해서 보고, 아이의 입을 통해서 말하고, 아이의 귀를 통해서 듣는 교실과 실제 교실은 얼마든지 다를 수 있습니다. 더 솔직히 말하면, 그 두 교실이 서로 안 다른 게 이상하다고 생각합니다.

기본적으로 세상 모든 일은 양쪽 이야기를 충분히 들어본 다음에 판단해도 늦지 않습니다. 저는 그때 연중 교실을 열어둘 테니, 직접 와서 눈으로 보고 판단해달라고 이야기했고 실제로 학부모들이 직접 와서 수업을 아무 때고 볼 수 있도록 했습니다. 저희 반 학부모들의 생각이 달라지고 마음을 바꾼 데는 직접 보고 듣고 느낄 기회가 있었기 때문입니다.

만약 학부모가 학교에서 아이들이 생활하는 모습을 볼 수 있다면 정말로 많은 오해가 풀릴 것이고, 학교와 교사를 좀 더 적극적으로 믿고 지지하며, 분명 덜 걱정하게 될 거라고 생각합니다. 하지만 현실적으로는 그렇게 학교에 가서 아무 때고 아이들 생활하는 모습을 볼 수 없습니다. 학부모는 학교생활에 대해 나름의 추측과 결론을 내릴 수밖에 없습니다. 물론 그 또한 충분히 이해할 수 있는 일이지요. 그럼에도 두 가지는 말씀드리고 싶습니다.

아이의 말만 믿지 말라는 것,

교사의 말도 들어보라는 것,

이 두 가지입니다.

아이는 때론 거짓말도 하고, 당황스러울 정도로 놀라운 스토리를 지어내기도 합니다. 그게 아이니까요. 아이이기 때문에 늘 순수하고 천진난만할 거라는 것은 어른들 생각입니다. 교직에서 평생을 살아온 저는 그렇게 생각하지 않습니다. 아이들은 원래 불완전하며 불안정한 존재입니다. 어떤 실수나 잘못, 거짓말도 할 수 있습니다. 그걸 알기에 보호자가 있는 것이고, 법과 제도로 어린 아이들을 보호해주는 것이지요.

저는 학교에서 학폭 사안을 상담할 일이 많습니다. 그런데 이때도 한쪽 아이 말만 듣지 않습니다. 그 아이 말만 들었을 땐 그 아이가 억울해 보입니다. 하지만 나머지 아이 말을 듣고 나면 아아, 그래서 그랬나 보다 하고 사건의 윤곽이 대충이나마 그려지게 됩니다.

그다음엔 주변에 있었던 아이들을 하나하나 불러서 어찌 된 일인지 남은 그림을 채워봅니다. 사소한 단서 하나라도 놓치지 않기 위해 모든 내용을 듣고 기록하고 다시 확인하는 과정을 거칩니다. 이 과정을 차분하게 해나가다 보면 하나둘 퍼즐이 맞춰지듯이 사건의 윤곽이 모두 그려지게 되지요. 한쪽 말만 들었을 땐 그 아이 말에 치우친 그림이 그려졌다면 양쪽 말을 모두 들었을 땐 비로소 제대로 된 윤곽이 그려진다는 뜻입니다.

교실에서 아이들과 교사 사이에서 벌어지는 일은 자칫 그런 일이 될 수 있습니다. 부모 입장에선 대충이나마 윤곽을 그리는 일을 생략하고 아이 이야기에만 심정적으로 치우치는 일이 벌어질 수 있습니다. 교사의 허심탄회한 말 또는 설명을 들을 기회가 없었으니까요.

부모 마음에선 자녀의 말을 당연히 믿고 싶고 듣고 싶겠지만, 아이들은 때론 엉뚱한 말을 지어내기도 하고, 때론 전혀 사실과 다른 말을 진짜처럼 하기도 합니다. 기억이 왜곡되거나 훼손돼서 뭐가 뭔지 전혀 모를 이야기로 얼버무리는 경우도 허다합니다.

다른 아이들도 그렇다고 하던데요

전에 학부모에게 전화가 걸려왔습니다. "교감선생님, 저희 아이의 담임교사가 자녀를 차별해요. 담임이 너무 힘들게 해서 아이가 죽고 싶어 합니다"라는 내용이었습니다. 깜짝 놀라서 어떻게 된 일인지 확인해봤더니, 낮에 아이가 2미터가 넘는 학교 울타리를 맨손으로 기어올라가다가 손을 다쳤기 때문에 담임교사가 야단을 했다더군요. 사실 이건 너무나 당연한 지도이고, 담임교사가 적절한 지도를 하지 않았다면 오히려 문제가 될 상황이었습니다.

울타리를 넘어가면 위험하다고 사전에 여러 번 지도했음에도 아이들이 제멋대로 행동했기에 벌어졌던 일이었습니다. 아마 제가 담임교사였더라도 똑같이 혼냈을 겁니다. 하지만 부모는 아이의 말만 듣고 사실 여부를 정확하게 확인하지 않은 상태에서 저에게도 화를 냈습니다. 그러면서 "다른 아이들도 다 그렇게 말하던데요"라고 하시더군요.

오해의 여지가 있으면 안 되기에 관련된 모든 사람의 이야기를 들어보았습니다. 확인해보니 그날 학부모에게 진술해줬다던 아이들 모두 그날 울타리를 함께 넘어서 교사에게 야단맞았던 아이들이었습니다. 아이들은 이런 전후사정에 대한 설명은 쏙 빼고 교사가 아이를 혼낸 사실 하나만 이야기했던 것이었지요.

이번엔 해당 학급의 다른 아이들 여럿에게 사실을 확인해봤습니다. 그랬더니 이 아이들은 오히려 "선생님이 생각보다 약하게 혼내셨다"라는 말을 하더군요.

안전에 관한 문제에는 교사 입장에서는 더욱 엄격하게 대응할 수밖에 없습니다. 제가 이런 사실들을 설명하자, 그

분은 그제야 상황을 이해하고 아이를 잘 부탁한다면서 사과하시고는 전화를 끊으셨습니다. 수업을 하면서 동시에 수십 명 학생들의 생활지도를 하는 교사들 입장에선 이런 상황을 하나하나 미처 설명하지 못하는 경우도 있습니다. 간혹 억울하게 나쁜 선생처럼 오해를 받는 상황이 생길 수도 있고요. 옛날의 제가 그랬듯이요. 정확한 이야기를 교사에게 듣기 전에는 잠시 판단을 미뤄주셔도 좋겠습니다. 그 기다림의 시간이 교사와 부모가 한 팀이 되어 아이를 올바르게 키워내는 신뢰의 밑거름이 될 것입니다.

학교에서 안전사고가
발생하면 어떻게 하나요?

초등학교는 많은 아이가 한 교실에서 함께 생활합니다. 여러 아이가 함께 있는 만큼 사건과 사고도 끊이지 않지요. 특히 쉬는 시간이나 점심시간, 체육시간처럼 아이들 활동이 많아지는 때에는 사고가 일어날 확률도 높아집니다.

2022년 1/4분기 기준 학교안전공제회에서 발표한 자료에 따르면 유치원 안전사고는 발생 건수가 1,299건이었고, 초등학교 안전사고 발생 건수는 3,381건이었습니다. 유치원과 비교했을 때 초등학교의 안전사고 발생 건수가 3배 가까이 높습니다.

시간대별 안전사고 발생 비율을 살펴보았을 때 체육시간 안전사고는 1,096건(32.4%), 점심시간 641건(19.0%)이었습니다. 담임교사의 지도 감독이 상대적으로 적어지고, 아이들 활동이 좀 더 자유로워지는 시간대에 아이들의 안전사고가 많이 발생한다는 것을 알 수 있습니다.

안전사고가 안 일어나려면 무엇보다 아이 스스로 안전하게 생활하기 위한 노력을 기울여야 하고, 주의해야 합니다. 가정에서도 평소에 자주 잔소리를 해주는 게 좋습니다. 실제로 초등학교에서 일어나는 여러 사고 중 친구의 목을 조르거나 발을 걸거나 일부러 밀어서 넘어뜨리는 식의 장난 아닌 장난도 많습니다.

아이 생각엔 장난이라고 여길지 모르겠지만, 이런 식으로 손으로 밀거나 때리거나 하는 건 장난이 아닙니다. 혹시라도 이런 식으로 거칠게 행동한다면 친구들과 사이좋게 지내기도 어렵거니와 자칫 안전사고로 이어질 수도 있으니, 각별히 주의를 주시는 게 좋습니다.

안전사고가 발생하면 누가 연락하나요?

학교에서 학생에게 안전사고가 나면 우선은 담임교사나 보건교사가 가정으로 전화를 드릴 겁니다. 우리 학교도 상황에 따라서 담임교사가 하기도 하고, 보건교사가 보건실에서 곧바로 가정으로 연락하기도 합니다.

전에 담임교사가 아닌 보건교사가 전화를 했다고 항의한 학부모도 있었습니다. 담임교사가 성의를 보이지 않았다는 이유에서였는데요. 그런데 보건교사가 보건실에서 아이에게 응급처치한 다음 곧바로 가정에 전화를 거는 경우도 많답니다.

보건실에서 응급처치 후 병원으로 바로 가야 하는 경우라면 보건교사는 가정으로 전화를 하고, 담임교사는 담임교사대로 교실로 가서 아이들을 조용히 시키고, 교감, 학년부장에게 상황을 보고한 다음 병원에 갈 채비를 할 수도 있습니다. 짧은 시간 담임교사 혼자서 이 모든 걸 처리하기가 쉽지 않다는 점을 이해해주시면 좋겠습니다.

학교에서 구급차를 불러주기도 하나요?

학교에서는 학기 초에 아이들의 신상을 파악하는 기초조사서를 작성하곤 합니다. 아이의 특이병력이나 질환을 파악하기 위해서도 이런 기초조사를 하는데요, 특별히 아이가 자주 이용하는 병원이 있을 경우, 그 병원으로 아이를 데려갑니다. 이때 필요하면 구급차를 불러서 이송하기도 합니다.

우리 학교에서도 구급차를 불러서 아이를 급히 병원으

로 이송했던 적이 몇 번 있습니다. 그때마다 보건교사가 가장 먼저 하는 일이 아이가 자주 이용하는 병원이 근처에 있는지, 어떤 병원으로 가야 하는지 등을 확인하는 것입니다.

구급차를 탈 때도 상황에 따라 담임교사가 동행하기도 하고, 보건교사가 동행하기도 합니다. 보건교사는 다른 학생들에게도 응급 상황이 발생할 우려가 있으니 학교에 남고, 담임교사가 구급차에 동행할 수도 있습니다.

어떤 경우라도 모두 가정으로 긴급하게 연락이 취해집니다. 아픈 아이 혼자서 방치되진 않습니다. 구급차를 타고 병원으로 가는 데까지도 시간이 오래 걸려서 지체되거나 하는 게 아니라 곧바로 병원으로 이송 조치가 취해집니다. 경험상 학교에서 구급차를 부르면 아무리 늦어도 10분 이내엔 도착하곤 했습니다.

안전사고가 발생하면 무슨 보험이 있다던데요

흔히 말하는 '학교안전공제회'입니다. 일종의 학생 보험과 같은 것입니다. 절차도 그렇고, 실제 제도도 보험 처리하듯 똑같이 처리됩니다.

처리 절차는 우리 학교를 기준으로 설명드리겠습니다.

학부모가 담임교사에게 안전공제회로 사고를 처리해줄 것을 요청하면 담임교사는 곧바로 학교에서 안전공제회 업무를 담당하는 선생님에게 사고를 접수합니다. 요즘은 온라인상으로 접수가 이루어지기 때문에 간단하게 사안 내용을 담임교사가 작성한 다음 교감에게 구두보고, 교장의 결재 순으로 진행됩니다.

학교장의 승인이 나면 이제 안전공제회로 넘어가는데, 안전공제회는 보험회사이기 때문에 사안이 교육활동 중에 일어난 것인지를 나름의 심사 절차를 거쳐서 꼼꼼하게 살펴봅니다. 공제회에서 심사가 끝나면 학부모는 아이의 의료비 등을 지원받게 됩니다.

안전공제회의 처리는 우리가 자동차 사고 나면 자동차 보험회사에서 사고를 접수하고 누구에게 과실이 있는지 따져보고 보상금을 처리해주는 것과 똑같습니다. 이 과정은 당연히 시간이 걸립니다. 언제 처리 결과가 나올지 학교도 교사도 담당자도 전혀 모릅니다. 저도 교감이지만, 단 한 번도 중간에 뭐가 어떻게 진행되고 있으니 앞으로 어떻게 될 거다, 같은 보고를 받아본 적이 없습니다.

담임교사가 처리하는 것은 접수까지만입니다. 접수되고 나면 나머지는 모두 절차에 따라 공제회에서 알아서 진행합니다. 중간에 담임교사에게 지금 어디까지 처리됐는지,

돈은 언제 나오는 건지 물어보셔도 당연히 모릅니다. 보상금 지급시기나 심사현황이 궁금하다면 해당 지역의 '학교안전공제회' 홈페이지에 접속하거나 대표번호로 직접 문의해야 합니다. 포털사이트에 '○○(지역명) 학교안전공제회'를 검색하면 쉽게 찾을 수 있습니다.

학부모 입장에선 처리가 늦어지는 이유가 무엇인지 답답하실 수 있습니다. 하지만 보험회사에서 오늘 사고 접수했다고 내일 돈이 나오지 않듯이 공제회도 똑같습니다. 처리 과정에는 시간이 걸립니다.

안전사고 예방을 위해
어떻게 지도하면 좋을까요?

"교실에서 잡기놀이를 하거나 뛰어다니면 안 돼. 교실에는 물건이 많고, 걸려서 넘어질 수도 있어."

"교실에서 친구를 때리거나 밀치면 안 돼."

"친구의 목을 조르거나 하는 것도 안 돼."

"화장실에서 용변을 보는 다른 친구를 훔쳐보거나 놀리면 안 돼."

"그런 행동은 장난이 아니라 폭력이야. 친구들을 괴롭

히는 행동은 폭력이니까 절대 하면 안 돼."

　이런 식으로 구체적이고 정확하게 안 되는 행동을 설명해주어야 아이도 학교에서 위험한 행동을 하지 않습니다. "꼭 그렇게까지 설명해야 하나요?"라고 물으신다면, 네, 그렇게까지 설명하는 게 좋습니다. '심한 장난', '위험한 행동'이 정확하게 어떤 것인지 아이는 자칫 모를 수 있기 때문입니다. "위험한 행동은 하지 마"보다 "친구 목 조르기, 친구 급소 발로 차기, 공으로 친구 얼굴 맞추기, 이런 건 위험한 행동이야. 하지 마" 이렇게 설명해야 아이들은 이해합니다.

　하면 안 되는 행동을 정확하고 구체적으로 알려주시고, 만약 비슷한 행동을 조금이라도 했다면 그에 대해 반드시 책임지는 자세도 함께 지도해주셔야 합니다. 미안하면 미안하다고 정확하게 사과하고, 다시는 같은 잘못을 하지 않으려 노력해야 합니다. 그게 바로 잘못을 책임지는 자세입니다.

　잘못했을 때 책임지는 자세를 어릴 때 배우지 않는다면 아이는 무책임한 성인으로 자라게 됩니다. 무책임한 성인이 사회에서 할 수 있는 최악의 행동들을 우리는 이미 숱한 사건 사고에서 보았습니다. 아이가 스스로 자신을 보호하는 것도 중요하지만, 남에게 피해를 주지 않는 배려심 있는 사람으로 키우는 것도 중요하겠지요.

담임선생님 말고
다른 선생님도 있나요?

지금 대한민국 학교에는 다양한 직급과 직종의 교직원이 함께 근무하고 있습니다. 여기서 교직원이란 교원과 직원을 합한 것입니다.

교원은 크게 교사, 교감, 교장으로 나뉘고, 직원은 교원을 제외한 다른 근무자를 말합니다. 교사는 다시 담임교사와 교과전담 교사로 구분됩니다. 담임교사는 한 학급을 맡아 지도하는 교사를 말하고, 교과전담 교사는 특정 교과만 전담하여 지도하는 교사를 말합니다. 이를테면 과학전담 교사, 체육전담 교사, 미술전담 교사, 음악전담 교사, 영어전담 교사 등이 있지요.

또한 특수교육 대상 학생들을 위해 설치된 특수학급에도 똑같이 담임교사가 있습니다. 특수교육을 전공한 교사들이 특수학급을 담임합니다. 특수학급은 학급당 학생 정원이 많게는 6명까지 있지요. 얼핏 학생 수가 적어 보일지 몰라도 특수교육 대상 학생들이 저마다 다른 지원이 필요한 부분을 고려한다면 앞으로 학급당 학생 수는 더 줄어드는 것이 맞습니다.

그 밖에 교감과 교장이 있습니다. 교감과 교장은 학교에 한 명씩 있는데, 요즘 작은 학교에는 교감이 없는 경우도 더러 있습니다. 제가 근무하는 전북에서는 6학급 미만의 작은 학교들에는 교감을 배치하지 않고, 교사가 교감의 일을 대신하는 경우도 있습니다. 이 경우, 업무도 해야 하고 아이들도 가르쳐야 하니, 매우 바쁘고 힘든 게 당연하답니다. 물론 반대로 학급 수가 많아서 복수 교감을 배치하는 학교도 간혹 있습니다. 한 학교에 교감선생님이 둘이나 있는 것이지요.

이렇게 학급을 담임하거나 교과를 전담하는 교사들 말고도 다양한 교사들이 있습니다. 학생 상담을 전공한 상담교사도 있고, 학생들의 건강과 보건교육을 맡고 있는 보건교사도 있습니다.

이 밖에도 도서관에서 학생들의 독서교육과 도서관 운영 등을 맡은 사서교사도 있고, 학생들의 급식과 영양교육을 담당하는 영양교사도 있습니다. 학생들의 진로교육을 담당하는 진로교사도 있고요. 생각보다 훨씬 다양한 선생님들이 함께하고 있지요.

행정실에는 교원이 아닌 직원이 근무하고 있습니다. 행정실을 책임지고 있는 행정실장은 보통 지방공무원 6급 주무관인 경우가 많습니다. 규모가 큰 학교에서는 5급 사무관이 행정실장인 경우도 있지만 보통은 6급 또는 7급 주무관이 행정실장인 경우가 대부분입니다. 9급 신규공무원부터 8급, 7급 등 다양한 급수의 지방공무원이 행정실에서 팀으로 함께 일하고 있습니다. 우리 학교만 해도 6급 행정실장, 7급 주무관 둘, 9급 신규공무원 한 분이 함께 일하고 있습니다.

요즘 학교에는 이렇게 교원과 직원만 있는 게 아닙니다. 영어회화만 전문으로 가르치는 영어회화 전문강사, 아이들의 체육수업을 지원하는 스포츠강사 선생님도 있고, 외국인이지만 학생들의 영어교육과 영어수업을 지원하기 위해 학교에 상주하거나 순회하면서 학생들을 가르치는 원어민 교사도 있습니다.

원어민 교사는 어떤 분이 오나요?

원어민 교사는 각 시도교육청에서 직접 계약해서 학교로 배정해주는 식입니다. 원어민 교사의 인력풀을 구성하고 운영하는 것이 각 시도교육청의 몫이기에 학교에선 학교로 배정해주는 원어민 선생님을 발령 이후에야 만나게 됩니다.

사설 영어학원에서는 어느 나라, 어느 지역, 어떤 대학에서 공부했는지 광고에도 적을 정도로 공개하지만, 학교는 다릅니다. 학교에서 일하는 원어민 교사들은 그렇게까지 자세하게 개인 신상에 관한 것이 공개되지 않습니다. 이 부분은 학교 교사들과 똑같다고 생각하시면 되겠지요. 보통은 수업하면서 자연스럽게 자기소개를 하고 학생들과 이야기를 나누거나 하는 정도입니다.

원어민 교사는 시도교육청에서 계약해서 채용한 정식 교사이므로 자격 등에 문제가 있는 경우는 채용과정에서 이미 걸러집니다. 범죄경력 유무, 성범죄 여부 등을 모두 조사하고 출입국 기록까지 따진 다음에야 채용이 됩니다. 원어민이라고 해서 아무나 교사로 채용할 수도 없거니와 해서도 안 됩니다.

간혹 한국 학생들과의 수업이 서툰 원어민 교사가 있을 수는 있지만, 정규 교육과정을 모두 거치고 실제 영어회화 능력이 우수한 인력들입니다. 사설 영어학원에서 만나는 여느 외국인 교사처럼 똑같이 우수한 영어회화 능력을 갖춘 분들이라고 생각하시면 됩니다.

원어민 교사는 무슨 일을 하나요?

원어민 교사는 한국인 영어전담 교사 또는 담임교사와 함께 영어수업을 합니다. 이렇게 두 명의 교사가 함께하는 수업 형태를 팀티칭이라고 합니다. 현재 우리나라에선 팀티칭을 초등학교에서 보기가 쉽지 않은데요, 원어민 교사와 담임교사 또는 전담교사 등이 영어교과의 협력수업을 하는 것은 일반화돼 있습니다.

아이들에겐 실질적으로 원어민의 발음을 듣고, 회화를 연습하면서 영어회화 능력을 향상시킬 수 있는데다가 공교육에서 진행되는 만큼 특별히 따로 원어민 교사에 대한 수업료를 내지 않아도 되는 이점도 있습니다.

교무실에 있는 다른 선생님도 소개해주세요

교무실에는 교무실무사, 교무행정사 등의 선생님이 있는데, 보통은 교감과 함께 교무실에서 일합니다. 학교에는 매일같이 수많은 공문이 쏟아집니다. 공문을 접수하거나 발송하고, 학교의 온갖 문서 업무 등을 지원하거나 직접 도맡아하는 등 많은 일을 하고 있지요.

급식실에는 조리실무사, 조리원, 조리사 등 다양한 조리종사원들이 있고요, 학교의 청소를 맡아서 하는 환경미화 담당 직원들도 있습니다. 학교의 경비와 방호 업무만 맡아서 하는 방호원, 경비원 선생님들도 있고요.

그 밖에도 늘봄학교에서 프로그램을 운영하고 있는 방과후 강사 선생님들도 많습니다. 돌봄교실에서 1, 2학년 학생들의 돌봄을 맡고 있는 돌봄전담사 선생님, 늘봄학교 프로그램 운영을 도맡아 하는 늘봄실무사 선생님도 있습니다. 우리 학교에는 늘봄지원실장도 있습니다. 가끔 보건교사 실습을 하러 학교에 오는 보건 교생 선생님들도 있고, 교육복지 업무를 맡고 있는 교육복지사 선생님도 있습니다.

이런 교원과 직원들 말고도 공익요원으로 일하고 있는 사회복무요원들도 있습니다. 사회복무요원은 학생보호인력, 과학실험보조인력, 특수교육보조인력, 행정보조인력 등 특별히 업무지원이 필요한 경우에 학교에서 근무하는 식으로 일시적으로 활용하는 인력입니다.

앞에서 설명한 선생님들 말고도 학교안전지킴이, 시니어클럽 등 업무에 자원해서 학교에서 활용하는 인력들도 있습니다. 우리나라 학교들은 대부분 담이 낮거나 울타리 정도라서 있으나 마나 한 경우가 많고, 외부인이 드나들기 좋은 구조라서 아이들의 안전이 위협되는 경우가 많습니다. 학교 울타리가 확실한 구조가 아니기 때문에 안전지킴이 선생님들은 학교 인근을 순찰하면서 아이들의 안전을 확인합니다.

학교에서 애니메이션 수업도 받았다던데요

애니메이션이나 연극 등 특별한 문화예술 수업을 지원하는 문화예술 강사 등도 학교 교육과정에 배당된 시수만큼 수업을 지원하고 있지요. 우리 학교만 해도 문화예술 강사 선생님들이 오셔서 수업을 해주기도 하지만, 학교폭력 예방수업을 위해 군산시청소년센터에서 수업을 하기도 하고, 성폭력 예방교육을 하기 위해 아동극을 준비해오는 강사 선생님들도 있습니다.

어떤가요. 학교엔 정말로 많은 선생님이 함께 일하고 계시지요. 이분들은 실제 교원이든 직원이든 상관없이, 아이들의 교육을 직접적으로 또는 간접적으로 하시는 분들인 만큼 학교에선 모두 선생님으로 똑같이 존중합니다. 학부모들도 아이들 교육에 함께 참여해주시는 선생님으로 존중하고 대우해주시면 좋겠습니다.

학교는 학부모, 교사, 학생 모두가
함께 협력해서 교육하는 곳입니다.
학부모가 학교에서 하는
역할에 대해 궁금해하시는
부분을 함께 다뤘습니다.

3부

학부모가 궁금합니다

학부모회
꼭 가입해야 하나요?

학기 초에 학부모회 가입과 관련한 안내를 받으실 겁니다. 제가 근무하는 전북을 기준으로 말씀드리면 학부모회는 학부모들의 자발적인 학교 참여를 위한 것으로 학부모회 임원은 선거로 선출되며, 입후보, 투표 등의 과정을 거쳐 선발됩니다.

보통 학기 초에 학부모회 임원 선거에 입후보할 수 있도록 입후보 기간을 주고, 교육과정설명회처럼 학부모들이 많이 모이는 곳에서 공개 소견 발표 등의 기회도 갖습니다. 이어서 투표까지 엄정하게 진행되어 임원을 정합니다.

아마 학부모회 임원까지는 생각이 없지만, 그래도 학급 학부모회는 가입해야 할지 고민하는 분이 더러 계실 겁니다. 우리 학교는 학급별로 학부모 대표를 자발적으로 뽑는데, 이것도 학급마다 다 다릅니다. 학부모 대표가 없는 학급도 있고, 있는 학급도 있습니다. 물론 학급에 학부모 대표가 없다고 해서 그 학급만 학교 일이나 행사 등에서 소외되는 일은 없습니다. 그 반 아이들이 불이익을 받거나 하는 일도 없고요.

학부모회는 자발적인 모임입니다. 학부모 스스로 참여를 원하지 않는다면 가입하지 않아도 됩니다. 학교운영위원회는 학교 운영에 없으면 안 되는 필수적인 위원회지만, 학부모회는 성격이 조금 다릅니다. 자발적인 모임인 만큼 모든 학부모가 반드시 의무적으로 참여해야 하는 것이 아닙니다.

그럼에도 저는 학부모회에 참여해보는 것도 학부모로서 좋은 경험이 될 수 있다고 생각합니다. 학교는 나름의 연간 학사일정에 따라 운영되며, 이벤트적인 행사는 거의 없고 처음 세운 계획에 맞게 진행되도록 최선을 다합니다. 이런 학교의 운영 방식이나 흐름은 학부모회 활동을 통해 이해하게 되는 경우가 많습니다. 학교에서 어떤 활동을 하는지 가까이에서 지켜보면 학교를 바라보는 마음도 자연스레 열리기 마련이지요.

학부모회는 왜 있는 건가요?

교사들은 학교 일을 하다 보면 가끔 학부모의 도움을 받아야 하는 일도 있고, 급하게 학부모들에게 안내를 해야 하거나, 학부모들의 의견을 수렴해야 하는 경우도 있습니다. 이럴 때 학부모회가 조직되어 있다면 아무래도 교사가 학급을 꾸려가는 일이 다소 힘이 덜 들어갈 수 있겠지요.

저도 전에 학급 담임을 할 때 학부모 대표를 자원해서 맡아주신다고 한 해는 정말로 마음이 편했습니다. 그만큼 적극적으로 학급 일을 도와주시고 관심 가져주실 거라는 걸 믿을 수 있었으니까요. 이런 사정을 너무나 잘 알기 때문에 실제로 제 주변에는, 자녀가 학교에 다니는 선생님들 같은 경우에 자원해서 학급 대표를 맡으시는 선생님들도 많답니다.

학부모회에서는 무슨 일을 하나요?

학부모회에서 하는 일은 전적으로 학부모회의 몫입니다. 저희는 사전에 학부모회에서 연중 어떤 일을 할지 계획을 세우고, 예산도 배정받아서 업무담당 교사와 함께 다양한 사업을 진행합니다. 많은 분이 함께하시는 것은 아니지만, 그래도 나름대로 학교에서 학부모들이 할 수 있는 여러 가지 일을 함께 고민하고 실천해오고 있습니다.

작년에 우리 학교에서 했던 학부모회 모임 사업으로 학부모회 회원들을 위한 연수 프로그램 운영이 있었습니다. 미래사회를 대비하는 환경 생태교육을 진행하기도 했고, 진로진학을 주제로 연수를 하기도 했습니다. 제가 직접 독서와 글쓰기 연수를 하기도 했고요. 그 밖에도 등곳길에서 신입생 맞이하기, 추운 날 핫팩 나눠주기, 가래떡 나눠주기 같은 여러 가지 행사를 진행하기도 했습니다.

학부모회 하려면 돈을 내야 하나요?

지역마다 조금씩 다른 부분이 있지만, 전북은 학부모회 예산으로 학교당 일정 금액을 목적사업비로 배부합니다. 턱없이 적은 액수라서 매달 학부모회 회원들이 모여서 하는 학부모 대상 연수에서 강사비나 재료비로 쓰고 나면 금세 사라지는 돈이긴 합니다. 그래도 그만큼 학부모들이 학교 일에 자발적으로 마음 편히 참여할 기회가 있다는 점을 알아주셨으면 합니다.

학부모 연수는 꼭 가야 하나요?

학부모 연수는 학부모들을 대상으로 학교에서 열어주는 강의입니다. 교사들이 듣고 싶은 강사의 강의를 연수 때 찾아가 듣듯이, 학부모회도 똑같은 방식으로 강의를 듣습니다. 당연히 안 들으셔도 상관없지만, 학교에서 예산을 지급해서 운영하는 것인 만큼 무료로 학부모 대상 강의를 들을 수 있다는 장점이 있습니다.

학교에서 운영하는 학부모 연수에는 의무적인 연수도 있지만, 학부모회가 주관하는 연수는 학부모들이 요구하고 원해서 하는 연수가 대부분입니다. 우리 학교도 학부모회가 직접 주관해서 강사를 섭외할 때도 있고, 제가 직접 학부모들을 대상으로 무료로 강의할 때도 있었습니다.

학부모회의 긍정적인 부분은 무엇인가요?

학부모회와 교사회, 학생자치회가 함께 의견을 내고 머리를 맞댈 수만 있다면 학교는 정말로 민주적인 공동체로서 거듭나게 될 것입니다. 물론 너무나 이상적인 일이고, 현실에선 실현이 몹시 어렵겠지만 그래도 이런 노력을 하고 있는 작은 학교들도 있습니다.

다모임이라는 전체 학교 구성원이 함께 모이는 자리를 만들고, 학부모회에 교사들이 함께 참여해서 의견을 내거나 듣기도 하고요, 반대로 학교의 일을 결정할 때 학부모들이 적극적으로 의견을 주기도 하니, 어떤 식으로든 서로 협력하고 마음을 모으는 것은 우리 아이들을 위한 노력이라고 생각합니다.

전에는 학부모회 연수에 많은 분이 참여하고, 다양한 사업도 진행하고 했던 것이 지금은 다소 줄어든 느낌이긴 합니다. 이유는 여러 가지가 있겠지만, 아무래도 코로나 시기를 지나면서 학부모들이 직접 학교에 오고가는 일이 불편해졌던 것이 한몫하지 않았나 싶습니다. 학교와 학부모들 사이의 거리가 점점 줄어들면 서로 불편해하지 않고 아이들을 위해 마음을 모을 수 있지 않을까요.

23
학교운영위원회에 학부모도 참여하나요?

학교운영위원회는 학부모회와 달리 교원 위원, 학교장, 학부모 위원 등 다양한 학교 구성원이 함께 모인 조직입니다. 여기에 지역 위원까지 포함되므로 학교를 생각하고 고민하는 사람들이 한자리에 모이는 모임이라고 할 수 있겠습니다.

학교운영위원회에서는 여러 중요한 안건들을 심의하고 협의하는 기능을 합니다. 예를 들면 학교의 한 해 살림살이를 책임질 예산안을 심의하고, 결산안을 살펴보는 일을 하지요. 필요한 경우, 정부에서 추경을 하듯이 상황에 따라서 추경안을 심의하기도 하고요.

이뿐 아닙니다. 학교운영위원회에서는 학교 교육과정 전반을 살펴보고 심의하는 일을 하기도 합니다. 안전교육,

인성교육, 학교폭력 예방교육, 과학교육, 체육교육, 현장체험학습, 테마식 현장체험학습(수학여행) 등 학교교육 전반에 걸친 교육계획 심의를 합니다.

2월에는 학사일정도 살펴보는데요, 학교 행사를 언제, 어떤 방식으로 할 것인지, 재량휴업일은 언제로 할 것인지, 방학은 몇 월 며칠에 하고 언제 개학할 것인지 등을 모두 심의합니다. 재량휴업일의 일자, 일수 등도 이 자리에서 심의하지요.

학교운영위원은 어떻게 되나요?

학교운영위원은 선거로 선출하기 때문에 사전에 선거위원회를 미리 조직하고, 선거위원회에 선거 일정을 맡겨서 심의하고 진행하도록 합니다. 학부모들 가운데 희망하는 분이 있다면 이때 학교운영위원으로 출마해서 투표를 거쳐 당선되어야 합니다.

만약 입후보한 사람 수와 필요한 위원 수가 동일하다면 무투표 당선이지만, 이때도 역시 동일한 투표과정을 엄격하게 거쳐야만 합니다. 학교운영위원회 위원장은 학교운영위원 가운데 희망하는 위원을 대상으로 투표로 뽑는데, 과반

수가 찬성해야만 당선될 수 있습니다.

학교운영위원회는 구체적으로 어떤 일을 하나요?

학교운영위원회는 보통 4월에 운영위원장 등 임원을 선출하고 학교 예산의 예결산 심의 및 각종 교육계획을 심의합니다. 7월에는 추경을 하고요. 혹시라도 예산이 부족하거나 하면 11월에 2학기 예산안을 다시 재편성하는 2차 추경을 진행합니다. 마지막으로 2월에는 다시 새 학기 예산안과 전년도 결산안을 심의하고, 새 학기 학교 교육과정을 살펴보는 회기로 진행됩니다.

내용을 보면 간단한 것 같아도 실제 회의를 진행할 때는 모든 것이 절차에 따라 엄격하게 진행되기 때문에 가끔은 두세 시간에 걸친 매우 길고 오랜 회의를 하기도 합니다.

학교운영위원회를 둔 것은 학교의 예산을 투명하고 공정하게 집행하기 위한 자체적인 노력입니다. 20학급 규모의 학교 예산이 보통 20억 가까이 되는데, 이런 큰 예산 집행이 아무런 심의나 협의 없이 진행되는 것보다는 당연히 여럿이 함께 예산안 구성의 적정성 등을 살펴보는 것이 필요하겠지요. 절차는 까다롭고 번거로운 면이 있어도 그만큼

효용성 면에서는 꼭 필요하다고 볼 수 있습니다.

운영위원 아이는 좀 더 신경 써주나요?

드라마나 영화를 보면 무슨 운영위원장이 학교에 와서 큰 소리를 치거나 교장이나 교감을 혼내주는 장면도 더러 있습니다만, 현실적으로 지금의 학교에서는 그런 일을 찾아볼 수가 없습니다.

실제로 교사들은 반 학생들 가운데 누가 운영위원의 자녀인지 알지도 못하거니와 별다른 관심을 갖지 않습니다. 저만 해도 교감이기 때문에 항상 운영위원회의 당연직 위원으로 소속돼 있습니다. 그렇지만 몇 년째 같은 학교의 운영위원임에도 불구하고, 지금도 누가 누군지도 잘 모르고 굳이 자녀가 누구인지 신경 써서 살피거나 하지도 않습니다.

학교운영위원은 권력과 권위의 상징이 아니라 학교의 일을 함께 협의하고 의논하고 심의하기 위한 자리인 만큼 학교의 여러 일들이 공정하고 적절하게 진행되는지 심도 있게 살피는 일에 전념하는 것뿐입니다. 운영위원이든 아니든 모두가 동등하고 똑같은 학부모일 뿐이지요.

그런 의미에서 혹시라도 학교 일에 관심이 있고, 어떤 식으로 학교 교육과정이 운영되는지 궁금한 학부모는 학교운영위원회나 학부모회에 참여해볼 것을 권유하고 싶습니다. 막연하게 이렇게 하지 않을까 추측만 하는 것보다는 직접 회의도 해보고, 협의도 하고, 이야기도 나누며 함께하는 것이지요. 그러면 훨씬 학교 일에 애정과 관심을 가질 수밖에 없고, 학교에 대한 이해가 깊어질 겁니다.

24

학생자치회는
무엇인가요?

교육의 주체는 교사, 학생, 학부모 모두입니다. 세 주체가 모두 교육의 주인공이고, 아이들을 훌륭하게 키워내기 위해서는 모든 주체가 함께 마음을 합해서 좋은 교육을 위해 노력해야 합니다. 교사는 잘 가르쳐야 하고, 학생은 열심히 배워야 하고, 학부모는 믿고 격려하고 지지해야 합니다. 이 모든 주체의 노력이 한데 모일 때 비로소 진정한 교육이 이뤄질 수 있습니다.

교사는 교사들끼리 모여서 함께 연구하고, 수업을 나누고 연수할 기회가 많습니다. 서로 자주 얼굴을 맞대고 고민도 나누고, 업무도 협의하고, 회의도 하지요. 이 과정은 어느 학교나 이루어지는 만큼 전국 어느 학교에 가도 교사들 모임이 없는 학교는 없습니다.

마찬가지로 학생들에게는 학생자치회가 있습니다. 학부모들이 어릴 때 경험했고 기억하는 학급 임원, 학급 대표, 학급 정부반장, 학급회장, 부회장 모두 학생 자치의 뿌리였습니다. 지금은 학생들의 인권이 중요시되면서 학생자치회도 전보다 더욱 활성화됐고, 작은 학교에선 전체 학생이 함께 이야기 나눌 수 있는 다모임을 실천하는 경우도 많습니다.

학생자치회에서는 어떤 일을 하나요?

학생자치회는 대학생들이 각 과에서 대의원들을 꾸려서 과를 이끌어가는 것과 비슷합니다. 학교에서 해결해야 할 문제나 갈등상황을 해결해가기 위한 학생들의 자발적인 모임이지요. 보통은 학급의 대표들이 모여서 전교학생회의를 하고, 여기에서 나온 회의 결과를 바탕으로 학교의 일들을 꾸려갑니다.

우리 학교 학생자치회는 아이들이 해마다 이름을 새롭게 정해서 활동하곤 합니다. 2023년엔 빛나리였고, 2024년엔 너나들이, 2025년도에는 함께마루였습니다. 어떤 활동을 할지, 활동하는 내용도 학생회에서 정합니다. 가끔 환경 보호 캠페인을 하기도 하고, 스승의 날 감사편지 쓰기 이벤트를 하기도 하고, 11월 11일엔 가래떡데이를 운영하기도 하고, 핼러윈데이 때 포토존을 만들어서 전교생을 대상으로 사진 촬영을 하기도 합니다.

이것도 모두 학생들이 알아서 정하는 것이라 학교에선 특별한 사정이 없는 한 학생자치회의 의견이 반영될 수 있도록 합니다. 특히 전교회장 또는 부회장 등 전교 임원들은 각 시군교육청에 소속된 학교들의 학생자치회 임원들끼리 모여서 하는 리더십 캠프에 참여하기도 합니다. 이 역시 본인이 희망하지 않으면 참여하지 않아도 상관없고요.

학생자치회 들어가면 회비를 내야 하나요?

학생자치회 운영에 대한 건 학교 예산 품목이 따로 있습니다. 일정 금액만큼 예산이 편성돼 있기 때문에 아이들이 개인적인 돈을 따로 내는 일은 없습니다. 적어도 우리 학교를 기준으로 그런 일은 아직 본 적이 없습니다. 하다못해 가위바위보를 해서 이긴 친구에게 작은 간식을 선물하겠다는 식으로 학생 대상 간식이 필요할 때도 가끔 있는데, 이 역시 학생자치회 예산으로 준비물을 구입합니다. 학생자치회 임원들은 개인적으로 돈을 쓸 일이 전혀 없습니다.

회장되면 간식 돌려야 할까요?

가끔 드라마 보면 회장이 됐다면서 간식을 내는 아이들 이야기가 나오곤 하는데, 요즘 학교에선 그렇지 않습니다. 학생자치회에 예산을 배정한 만큼 따로 개인적인 사비를 사용할 필요도 없고, 그렇게 하지 않으셔도 됩니다. 우리 학교에서는 회장이 됐다고 해서 개인적으로 반 학생들에게 간식을 돌리는 일은 없습니다. 예전에나 그랬지, 지금은 아이들 간식을 돌리고 크게 한턱을 내는 그런 일은 없습니다.

학교급식모니터링단은
무슨 일을 하나요?

학교에서 아이들이 가장 좋아하는 걸 꼽으라면 단연 급식이지요. 심지어 초등학생들 가운데에는 급식표를 작은 책처럼 만들어서 급식북을 갖고 다니는 아이들도 많답니다. 내내 지친 표정이다가도 점심시간만 되면 환한 얼굴로 맛있게 식사하는 아이들도 있지요. 이렇게 아이들에게 듬뿍 사랑받는 급식, 어떻게 만들어지는지 궁금하지 않으신가요?

학교급식모니터링단은 바로 이 급식을 모니터링하는 일을 합니다. 코로나가 한창이던 몇 년 전만 해도 급식 모니터링을 할 수가 없었습니다. 학교에선 급식 모니터링보다 방역이 더 우선했으니까요. 지금은 다시 모니터링단 활동도 시작해서 아이들 급식을 직접 학부모가 살펴볼 수 있게 됐습니다.

학교급식모니터링단에서 하는 일은 크게 식단 확인, 위생 점검, 식재료 점검, 배식과정 살펴보기 등으로 나뉩니다. 조리실에 들어가서 위생복도 직접 착용해볼 수 있고, 어떤 식재료를 쓰는지 눈으로 확인할 수도 있습니다. 희망한다면 아이들에게 배식하는 일에도 참여할 수 있습니다. 이 과정에서 혹시라도 개선사항이나 건의사항 등이 있다면 의견을 제시할 수도 있고요.

모니터링단이 주의 깊게 봐야 할 점은 무엇인가요?

학교 급식 재료는 새벽에 배달됩니다. 이 급식 재료들을 가지고 이른 아침부터 조리를 시작하는데, 모니터링단은 급식 재료를 확인하고 점검하는 일부터 시작합니다.

보통의 학교 급식은 친환경 재료와 유기농 재료, 엄격한 인증을 거친 식자재들만 쓰입니다. 이들 식자재는 안전하고 철저하게 관리되지요. 혹시라도 식중독 등 단체감염병이 발생할 우려가 있기 때문에 여름철엔 더욱 주의 깊게 관리하고요. 그렇기에 급식 재료를 검수하는 일이 중요할 수밖에 없습니다. 급식 재료 검수부터 학교급식모니터링단은 직접 눈으로 확인할 수 있는 것입니다.

식재료들을 모두 확인했으면 그 다음은 조리를 시작합니다. 학교 급식은 보통 영양교사가 급식표, 식단을 짜고 식단에 맞게 조리를 합니다. 조리는 조리실무사와 조리원 두 직급의 직원들이 합니다. 조리실무사와 조리원들은 모두 한 팀이 돼서 조리를 하는데, 영양교사가 이 과정을 모두 총괄합니다.

학교급식모니터링단은 직접 갓 만들어진 음식의 맛을 보거나 배식과정을 살펴볼 수도 있습니다. 자세한 내용은 학교에서 안내해주는 가정통신문을 참고하면 좀 더 상세히 알 수 있습니다. 학교급식모니터링단은 미리 신청을 받아서 운영하기 때문에, 참여를 희망한다면 학기 초에 안내받은 신청서를 작성해 제때 제출해야 합니다.

학교 급식은 조리하는 데만 해도 많은 시간이 걸리지만, 배식하는 데도 한참, 아이들 먹은 자리를 정리하고 치우고 다시 다른 학급이 들어와서 급식을 하는 데도 한참 걸립니다. 학생 수가 600명 가까이 되는 우리 학교에서는 보통 오전 11시 50분부터 급식을 시작해서 거의 오후 1시 30분이 될 때까지 내내 급식을 진행합니다. 이때도 한쪽에선 배식하고, 다른 한쪽에선 설거지를 하고, 또 다른 한쪽에선 식판을 나르는 식으로 일사불란하게 돌아갑니다.

급식이 모자라다는 이야기를 자주 해요

모든 반찬과 밥은 학생 수에 맞춰 계산해서 합니다. 그냥 대충 짓는 게 아니라 밥도 몇 인분, 정확하게 세어서 하지요. 그것도 모자라게 하지 않고 넉넉하게 합니다. 밥이나 반찬이 모자라면 더 먹을 수 있고, 가서 더 달라고 하면 더 줍니다. "안 돼" 같은 소리를 애초에 하지 않습니다.

그럼에도 우리 학교에서도 학교 급식 관련해서 해마다 서너 번씩 똑같은 민원이 들어옵니다. '반찬 양이 적다, 고기 반찬은 더 안 준다, 밥을 타러 가면 싫어하는 기색으로 말한다, 아이들이 불편해한다' 등입니다.

학교 급식은 어떤 반찬이든 정해진 양 안에서 전교생이 함께 나누어 먹도록 운영됩니다. 교사라고 해서 더 주거나 학생이라고 해서 덜 주는 일은 없습니다. 개수가 정해진 반찬이나 특식이라면 정해진 수량만큼 제공하고, 그렇지 않은 반찬은 가능한 넉넉하게 나눠줍니다.

아이들에겐 다시 앞에 나가서 반찬을 달라고 말하는 일이 조금은 어색하게 느껴질 수 있지만, 실제로 반찬을 주지 않거나 무안을 준다거나 화를 내는 일은 없습니다. 굳이 그럴 이유도, 필요도 없으니까요.

급식하고 남는 반찬은 어떻게 하나요?

잔량은 모두 폐기하는 것이 원칙입니다. 급식이 아무리 맛있어도 급식하고 남은 반찬이나 밥이 학교 급식실 바깥으로 나갈 수 없습니다. 혹시라도 잔반이 남으면 무조건 버려야 합니다. 급식실 바깥으로 음식이 나가는 일은 엄격하게 금지돼 있기 때문에 아무리 맛있고 귀한 반찬이어도 조금이라도 남으면 모두 버려야 합니다.

한국에선 음식을 항상 넉넉하게 하고, 버리는 것에 대해서도 아무런 거리낌이 없는 경우가 많지요. 저는 독일과 네덜란드, 영국, 프랑스, 중국, 케냐, 핀란드, 스웨덴에서 직접 학교 급식을 먹어보았는데요, 어떤 나라에서도 아이들이 음식을 남기는 것은 보지 못했습니다. 거짓말처럼 깨끗하게 먹더군요.

한 번은 국제교류를 하기 위해 중국에 학생들을 인솔해서 간 적이 있습니다. 한국 아이들은 음식을 3분의 1도 안 먹고 다 버리는데, 중국 아이들은 남김없이 먹는 모습이 인상적이었습니다. 이는 입에 맞고 안 맞고의 문제라기보다 독일이나 케냐, 영국, 네덜란드, 핀란드, 스웨덴 등 다른 나라에서도 비슷하게 볼 수 있었던 모습이었습니다.

급식은 만드는 데에도, 먹고 치우는 데에도 그만큼 공

과 노력이 들어갑니다. 만드는 사람의 정성을 생각해, 먹기 싫다는 이유만으로 아무 생각 없이 버리기보다는 깔끔하고 맛있게, 감사한 마음으로 먹는 태도와 습관을 길러주는 게 필요하겠지요.

학폭위가 열리면
어떻게 되나요?

먼저 학교폭력이란 무엇인지부터 정확하게 알아두시는 게 좋습니다. 학교폭력은 학교 내외에서 학생들 사이에 벌어지는 신체적, 정신적, 또는 재산상의 피해를 수반하는 행위를 말합니다. 이건 학교폭력예방 및 대책에 관한 법률 제2조에 명시돼 있는 내용입니다. 법률상 학교 안팎에서 발생한 모든 유형의 폭력 행위를 포함하며, 피해자의 신체적, 정신적, 재산상의 피해를 고려합니다.

공간에 대한 제약이 없기 때문에 아이들끼리 학원에서, 아파트에서, 놀이터에서, 뒷산에서 싸움이 났다 하면 이 역시 학교폭력으로 볼 수도 있습니다.

우리 사회가 학교폭력에 대해 처음 경각심을 갖게 됐을 때만 해도 아이들이 때리고 다투는 식의 싸움만 학교폭력으로 생각했습니다. 하지만 지금은 정말 많이 달라졌어요. 사회가 변화하고 발전해가면서 학교와 학생들 사이에도 여러 가지 새로운 형태의 폭력이 등장했기 때문입니다.

그렇기에 지금의 학교폭력은 범주가 상당히 넓습니다. 사이버상에서 일어나는 아이들 사이의 다툼도 폭력으로 봅니다. 이걸 사이버 폭력이라고 하지요. 뿐만 아니라 욕이나 험담, 비난 등으로 누군가에게 말로 상처를 주는 언어 폭력도 있고, 우리가 흔히 상상할 수 있는 형태의 신체적인 폭력도 있습니다.

최근에는 사이버 폭력과 언어 폭력 등의 비율이 높아지고 있는 추세입니다. 아이들이 유튜브나 쇼츠 등 짧은 시간 내 파고드는 영상을 즐겨 보기 때문에 자막을 무분별하게 쓰는 어른들의 말장난, 개그 등을 따라 하는 경우가 많습니다. '어쩌라고', '어쩔티비', '잼민이', '병맛' 같은 말도 모두 유튜브 같은 영상 매체에서 먼저 번진 케이스였지요. 아이들 사이에선 장난처럼 쓰이는 말이지만, 상대는 장난으로 여기지 않기 때문에 마찬가지로 언어 폭력에 해당하는 경우입니다.

이뿐 아니라 친구를 협박해서 물건을 뺏거나 돈을 뺏는 식의 금품 갈취 등으로 인한 경제적 폭력도 모두 학교폭력으로 봅니다. 어떤 의미에선 단순한 장난이나 아이들 사이에 자주 있는 말다툼도 충분히 학교폭력으로 볼 수도 있는 것입니다. 여기에 특정 학생을 일부러 배제하는 따돌림도 학교폭력으로 봅니다.

마지막으로 강요도 있습니다. 말 그대로 하기 싫은 일을 강제로 시키는 것입니다. 예를 들어 빵셔틀, 우유셔틀 같은 행위들이 드라마에 가끔 나오는데, 실제로 하기 싫은 일을 억지로 시킨다면 바로 이 '강요' 행위를 한 것에 해당합니다.

물론 아이들 사이의 단순한 장난이나 말다툼까지 모두 학교폭력으로 처벌하려고 든다면 세상 어떤 아이도 맘 놓고 학교에 다니지 못하겠지요. 제가 그동안 보아왔던 수없이 많은 초등학생은 누구나 장난을 치고, 때로는 상처도 주고, 또 상처를 받기도 하면서 자랐습니다.

아이는 그 과정에서 성장하고 갈등을 해결하는 방법을 배웁니다. 단순하게 갈등이 생겼다는 이유만으로 상대 아이를 무작정 처벌하고 혼내주려 하기보다는 일의 전후관계를 살펴보고, 아이가 진짜 원하는 게 무엇인지 찬찬히 들여다보고, 앞으로 어떻게 해야 할지 등 다양한 측면에서 현명하게 바라봐주셨으면 좋겠습니다. 부모의 이런 현명한 지도와 교육이 아이를 단단하고 강하게 키울 수 있다는 점 꼭 기억해주셨으면 합니다.

학폭위는 언제 여는 건가요?

"사과하면 학폭위 안 열고 넘어간다고 했는데, 왜 마음을 바꿨을까요?"

실제로 해마다 학부모들에게 숱하게 듣는 호소입니다. 사과하면 학폭위는 안 열어도 된다는 식으로 이야기하는 경우도 더러 있지만, 학폭위를 열고 안 열고는 그렇게 간단한 이야기가 아닙니다.

그렇다면 학폭위는 언제 열고 언제 안 여는 걸까요? 여기엔 정말로 긴 설명이 필요하지만, 짧게 줄이면 학폭위를 열고 안 열고는 학교 측이나 담임교사가 임의로 결정할 수 있는 문제가 아닙니다. 모든 건 정해진 정확한 매뉴얼과 절차에 따라 진행될 뿐입니다.

보호자가 상대 학생을 학교폭력으로 신고하겠다고 의사를 밝히는 순간, 업무담당 교사가 사안을 간단하게 조사해서 교육지원청으로 보고서를 제출합니다. 이건 담임교사가 아니라 업무담당 교사가 하는 일입니다.

여기서부터 담임교사는 사안이 어떻게 진행되는지조차 잘 모릅니다. 교육청에서도 업무담당 교사에게 연락을 하지, 담임교사에게 하지 않습니다. 설사 교육청에 전화해서 물어도 절차대로 처리하고 있으니 기다려달라고 말할 것입니다. 실제로 그렇게 처리되는 게 학폭 처리의 원칙이니까요.

경험해보신 분은 아시겠지만, 학폭 사안이 접수되면 업무담당 교사가 보호자와 학생들 모두에게 학폭 사안 접수 사실에 대해서 알려주게 돼 있습니다. 담임교사가 개입하거나 하지 않습니다. 지금의 학폭 업무 처리는 담임교사가 배제되어 있기 때문입니다.

가해학생과 피해학생은 사안 발생 즉시 즉각적인 분리 조치에 들어가는데, 같은 반이 아니거나 다른 학교 학생인 경우는 굳이 분리조치를 하지 않아도 됩니다. 이미 분리 상태와 다름없으니까요.

전담조사관은 무엇인가요?

업무담당 교사가 제출한 보고서에서 전담조사관을 요청하면 교육청에서 배정해주는데, 전담조사관은 학교 측과 방문 일정을 조율해서 직접 조사를 나오게 됩니다. 전담조사관은 처음부터 사안을 재조사합니다. 언제, 어디에서, 어떻게, 누구와, 왜 있었던 일인지를 학생들을 대상으로 자세하게 조사하고 이 내용을 바탕으로 보고서를 다시 작성합니다. 전담조사관이 학생을 조사할 때 학부모는 참관할 수는 있으나 사안 조사에 참여할 수 없습니다.

가끔 전담조사관을 상대로 거친 말을 하거나 화를 표출하는 분도 있는데, 사실 그럴 필요는 없습니다. 전담조사관은 말 그대로 사안을 조사하는 일만 맡고 있으며, 조사 이외의 결정이나 판단에는 관여하지 않습니다. 모든 것은 절차에 따라 진행되고, 다소의 시일이 걸립니다. 오히려 전담조사관이 명명백백하게 사실관계를 자세히 조사해주는 것이 도움이 된다는 점을 염두에 두시면 좋겠습니다.

전담조사관이 '이런 건 학폭이 아닌데' 했대요

전담조사관은 객관적으로 사안 조사만 합니다. 다시 강조하지만, 조사 이외의 일은 전혀 하지 않습니다. 전담조사관은 학폭 사안 처리에서 조사를 위한 역할만 하게 돼 있습니다. 전담조사관 자신의 의견이나 개인적인 판단을 내세우는 일은 결코 없습니다.

저도 학교에서 학폭 사안 때문에 전담조사관을 몇 번 만나봤는데, 이런 사안은 대체로 어떻게 되더라, 앞으로 어떤 처분이 나올 거다, 같은 개인 의견이나 발언은 한 마디도

하지 않았습니다. 자칫 그런 조언이 학폭 사안으로 가뜩이나 예민해져 있는 학부모들 사이에서 또 다른 분쟁의 소지로 번질 수 있기 때문입니다. 교감인 제가 전담조사관에게 "어떻게 될까요?" 물어봐도, "죄송하지만 대답이 어렵습니다", "저희는 그런 말은 안 합니다" 같은 원론적인 답변만 하시더군요.

전담조사관의 보고서가 제출되면 보고서를 바탕으로 교육청에서는 학교폭력위원회 심의날짜를 정합니다. 흔히 말하는 학폭위지요. 이때 가해학생이나 피해학생 모두 다시 출석해서 소명할 기회가 있습니다. 참석해도 좋고, 설사 참석을 안 해도 그대로 진행합니다.

학폭인지 아닌지 어떻게 판단하나요?

학부모들이 학교폭력과 관련해 자주 물어보시는 질문 중 하나가 '우리 아이가 ○○한 행동을 했는데, 이것도 학폭으로 보나요?'입니다. 학폭 사안의 심각성은 몇 가지 기준을 두고 살펴보아야 합니다.

첫째, 행위의 지속성 및 반복성입니다. 설사 잘못 행동했다 하더라도 최초로 한 행동인지, 반복적으로 한 것인지에 따라 심각성이 달라지겠지요. 바로 이 부분을 말하는 겁니다.

둘째, 피해 정도입니다. 피해자의 신체적, 정신적, 재산상의 피해 수준이 심각한지를 따집니다.

셋째, 가해자의 고의성입니다. 의도를 갖고 괴롭힌 것인지, 그 의도가 분명한지를 보는 것입니다.

넷째, 피해자와의 관계를 보는데, 가해학생과 피해학생 사이의 관계나 상호작용이 평소 어떠했는지 등을 살펴봅니다. 만약 가해학생이 덩치도 크고 평소 위협적인 행동을 하는 아이였고, 피해학생은 상대적으로 덩치도 작고 많이 위축된 상태인데, 가해학생이 피해학생을 상대로 가스라이팅처럼 위협을 가하고, 피해학생은 무서워서 거부할 수 없었다고 판단된다면 처분이 크게 내려질 수 있습니다.

마지막은 사건 발생 장소와 시간입니다. 학교 내외냐, 수업 중이었냐 아니냐 등을 따지는 것입니다. 사건 발생 장소가 학교가 아니고 집 근처였다면 이야기가 또 달라지겠지요.

학폭 가해학생이 되면 어떻게 되나요?

가해학생에게 내려지는 처분에는 9가지가 있습니다. 학폭위에서 처분이 내려지면 이 9가지 중에 하나가 나옵니다.

초등학교에선 마지막 9호인 퇴학처리가 없어서 8호인 강제전학이 가장 큰 처분입니다. 1호는 가장 약하고 경미한 조치로 가해학생의 서면사과입니다. 가해학생이 피해학생에게 미안하다는 사과편지를 쓰는 것이라고 생각하시면 될 것 같습니다.

2호는 피해학생 및 신고나 고발한 학생에 대한 접촉, 협박 및 보복행위 금지처분입니다. 이 부분은 사실 너무 당연한 조치라서 학교에서도 예의 주시하고 있기 마련입니다. '가해학생이 학폭 신고했다고 괴롭혔다'라는 이야기가 나오기도 하는데, 실제로는 2호 처분이 나오는 순간, 학교에서는 접촉, 협박, 보복행위 금지를 하는 것입니다. 만약 이 부분을 어기고 다시 괴롭히면 그건 가중해서 처분이 나옵니다. 학폭에서는 가해학생의 선도가 가능한지, 반성하고 있는지, 어떤 식으로 사과할 것인지를 지켜보고 있습니다.

3호는 교내 봉사입니다. 학교 안에서 봉사활동을 하는 처분입니다. 4호는 외부로 나가서 다른 기관에 가서 봉사활동을 하는 처분입니다. 5호는 특별교육 이수나 심리치료를 받게 하는 것인데, 이 역시 전문기관에서 교육하거나 치료 받게 하는 식입니다.

6호는 출석정지입니다. 일정 기간 학교로 못 오게 조치하는 것으로 오고 싶어도 출석을 정지해놓은 상태라 학교에 올 수 없습니다.

7호는 학급 교체입니다. 같은 학교에서 다른 학급으로 반을 옮기는 형태를 말합니다. 가끔 학부모들이 "A와 B가 싸웠으니, 가해학생 학급 교체를 해주세요"라고 요구하는 경우가 있습니다. 반을 옮긴다는 건 생활기록부에 올라가 있는 학적을 옮기는 일입니다. 현실적으로 매우 어렵고 까다로운 조치입니다. 학급 교체 처분은 피해학생의 피해 정도가 심각하거나 반복된 가해라든가, 가해학생이 반성의 여지가 없는 등 여러 가지 정황을 모두 고려합니다.

8호는 전학입니다. 강제전학이란 말을 많이 들어보셨을 겁니다. 강제전학은 초등에서 할 수 있는 가장 강력한 조치인 만큼 판단에 신중을 기합니다. 정말로 촘촘하게 따지고 살펴서 정해지는 조치인 만큼 초등학생을 대상으로 전학 처분이 나오는 일이 많지는 않습니다.

9호가 있긴 하지만, 9호는 퇴학 처분이라 초등에선 불가능한 조치입니다. 결과적으로는 8호 처분이 가장 강력한 조치입니다.

학교의 안일한 대응으로 처분이 작게 나오면요?

학교 측이 안일하게 대처해서 처분이 가볍게 나왔다는 기사를 가끔 보곤 합니다. 하지만 학폭 처분은 학교가 하는 게 아닙니다. 학교가 이래라저래라 할 수도 없고, 한다고 해서 들어주지도 않습니다.

학폭 처분은 교육청이 주관하는 학폭위에서 합니다. 학교가 개입해서 '몇 호 처분을 내려주세요' 할 수가 없습니다. 교육청에서 학폭위를 운영하는 것도 학교의 이런 개입을 원천적으로 막기 위한 것입니다. 반대 의미로 본다면 학교와 교사들을 보호하기 위한 조치이기도 하고요. 그만큼 객관적이고 공정하게 사안을 보겠다는 의미로 해석하는 게 가장 적절할 겁니다.

학교가 하는 결정이 아닌 만큼 사실상 가해학생 처분에 대해서는 학교가 어떻게 할 수 있는 여지가 없습니다. 학교도 처분이 나올 때까지 기다리는 입장입니다.

처분이 나오면 아이들은 어떻게 되나요?

처분이 내려지면 교육청에서 학부모들에게 사안 처리, 즉

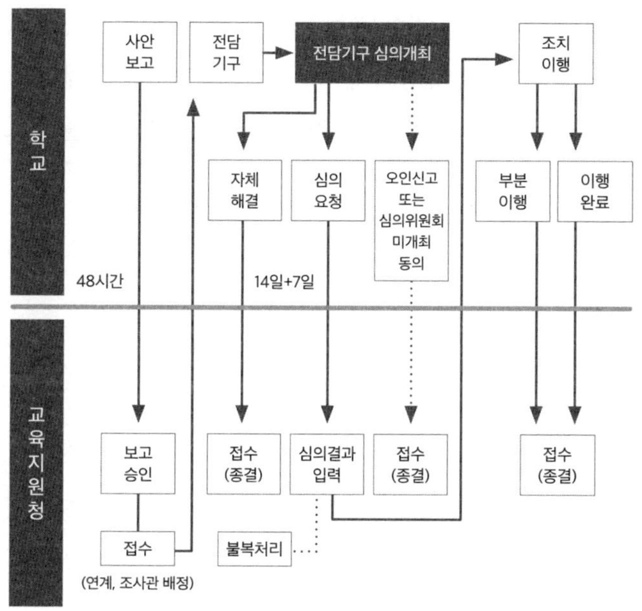

학교폭력 처리절차

결과에 대해 안내합니다. 이렇게 해야 학폭의 최종 처분까지 마무리됩니다. 이후, 학교에서는 어떤 식으로 피해학생을 보호하고 가해학생을 지도했는지 교육청에 다시 보고합니다. 제도적으로는 이 절차까지가 학폭위의 마무리입니다.

조치에 불복하면 행정소송을 제기할 수 있습니다. 이건 가해학생이나 피해학생이나 마찬가지입니다. 쉽게 설명하

면 '우리 조치가 맘에 안 들면 법대로 해'라고 할 수 있겠지
요. 초등학생에겐 해당이 없지만, 가해학생이 만 14세 이상
이면 학폭 조치나 처분과는 별개로 형사처벌을 받을 수도
있습니다.

아이들끼리 싸우면
다 학폭위를 여나요?

때로는 교육청 학폭위까지 가지 않는 경우도 있습니다. 학교에 있는 학교폭력전담기구에서 심의해서 자체 종결할 사안인지 판단하기도 합니다. 학폭전담기구라고 줄여서 부르는데, 여기엔 학부모 위원도 함께하고 있습니다.

이 학폭전담기구에선 심각하지 않은 폭력으로 볼 수 있을 만한 경미한 부상일 경우, 신체적·경제적 피해에 대해 즉각적인 복구가 약속된 경우, 전치 2주 미만의 부상 등으로 사안이 비교적 무겁지 않은 경우 자체 종결 여부를 판단합니다.

보통 초등학교에서 학폭 사안이라면 아이들끼리 싸운다거나 욕을 하거나 때리거나 하는 정도가 많습니다만, 요즘은 사이버상에서의 폭력도 많아지고 있습니다. 학교폭력의 가해자가 되지 않으려면 잘못을 했을 때 상대방에게 곧바로 마음을 담아 사과하는 진심 어린 태도가 필요합니다.

SNS, 단톡방 활동도 조심해야 할까요?

부모들이 많이 이용하는 메신저 앱이라면 단연 카카오톡일 겁니다. 아이들도 카톡으로 대화하는 경우가 매우 많은데요, 단톡방에서 강퇴를 시키거나 이유 없이 따돌린다거나 해서는 안 됩니다. 이 또한 학교폭력으로 볼 수 있습니다.

특히, 사이버상에서 피해를 입힌 경우라면 피해학생의 신상이나 정보 등이 노출되는 등 2차 가해가 될 수도 있다는 점을 기억하고, 즉각적으로 복구를 위한 노력과 조치가 필요하겠지요. 실제로 한 학생이 다른 학생의 사진을 우스꽝스런 사진과 합성해 단톡방에 공유하면서 문제가 된 경우가 있습니다. 단톡방에 사진을 공유한 학생은 학폭 신고로까지 이어졌는데, 다행히 가해학생 부모와 아이가 바로 대면해서 진심으로 사과하고 다시는 하지 않겠다는 재발방지 약속을 했습니다. 이에 피해학생 측에서 사과를 받아주면서 마무리되었던 적이 있었습니다. 모든 사람에겐 개인정보 보호 및 초상권이 있습니다. 법률로 보호받는 부분이기에 타인의 사진을 함부로 공유해서는 안 됩니다.

요즘 학생들 사이에서는 카톡 대신 인스타그램 등 소셜 미디어로 DM을 주고받기도 합니다. 이 역시 전보다 더 주의해야 합니다. 예전에 한 학생이 인스타그램 계정을 사칭당한 사건이 있었습니다. 그 학생은 인스타그램을 사용하지도 않았는데, 누군가가 그 학생 이름을 도용하여 계정을 만들고 다른 학생에게 계정을 사칭한 상태로 DM을 보내 문제가 됐던 것입니다. 결국 경찰에서 디지털 포렌식 조사를 하고 이 학생이 했던 것이 아님을 밝히기까지 꼬박 90일이 걸렸습니다. 이처럼 계정을 사칭하는 일도 얼마든지 있을 수 있습니다. 평소에 아이들이 어떤 SNS를 이용하는지 정도는 알고 계셔야 하고, 혹시라도 사안이 발생하면 즉각적으로 경찰에 신고해서 역으로 피해를 입는 일이 없도록 해야 합니다.

아이들 장난으로 학폭까지 가는 건 심한 거 아닌가요?

학폭이라고 해도 아이들 사이에서 벌어지는 일이라 뜻밖에 대수롭지 않게 넘어가는 경우도 있고, 다른 사람이 볼 때 사소해 보이지만 학폭으로 처리해달라고 요구하는 경우도 있습니다.

가벼운 장난 같아도 상대에게 불쾌감을 주거나 모욕감을 느끼게 한다면 그건 장난이 아닙니다. "아이들끼리 장난으로 그럴 수 있지 않나요?" 하는 말은 가해학생 부모에게만 해당할 뿐, 피해학생 부모의 입장은 다른 것이지요. "선생님, 이번엔 제대로 혼내주겠습니다. 꼭 학폭 열어주세요"라고 말합니다.

제가 학교에서 많은 학부모를 상담하면서 느낀 것은 장난의 정도가 서로 다 다르다는 걸 부모들도 잘 모른다는 사실입니다. 장난이라는 말로 용서되거나 이해되는 일은 상대도 웃으면서 넘겨줄 수 있는 정도의 것입니다. 그 선을 넘어선다면 누구도 웃어주지 않습니다. 상대가 불쾌해하면 절대 하지 말아야 한다고 정확하게 선을 긋는 방법을 아이에게 꼭 지도해주셔야겠지요.

학폭 처분이
너무 가볍다고 하던데요

가끔 학폭은 가해학생 위주냐고 하소연하는 학부모를 봅니다. 학교에서 실제로 사안을 처리하고 학부모와 학생들을 직접 면담하는 제가 볼 땐 이렇습니다.

학폭 신고는 상대적으로 쉽습니다. 117 전화만 걸어도 할 수 있습니다. 하지만 실제로 학폭위에 가기까지 시간이 한참 걸리거니와 처분을 피해학생 측이 원하는 대로 내려주는 것이 아닙니다. 학폭위 1호 처분이 서면사과라고 앞에서 말씀드렸지요. 서면사과는 사실 담임교사가 충분히 학급에서 지도할 수 있는 일입니다. 아마도 매일 지도해왔을 수도 있고요.

학교폭력위원회에서 심의하고 처분을 의결하고 학교로 처분을 안내해주기까지는 시간이 제법 걸립니다. 아이러니하게도 이 사이에 아이들끼리는 아무렇지 않게 다시 노는 경우도 있답니다. 같이 놀지 말라고, 말도 걸지 말고 쳐다보지도 말라고 아무리 집에서 이야기해도 아이들끼리는 같이 노는 것이지요. 아이들에겐 싸움이 별 의미 없을 때도 실제로 있으니까요.

물론 정말로 심각한 폭력 상황이라면 이야기가 다릅니다. 그땐 학폭으로 신고해서 절차대로 처리하는 게 맞습니다. 별것 아닌 일인지 아닌지, 그 일이 학폭 사안인지를 판단하는 기준은 다시 한 번 말씀드리지만 '반복성', '심각성', '지속성' 등입니다. 얼마나 자주 있었던 일인지, 의도를 가지고 반복해온 일인지, 그 정도가 심하고 해당 학생의 피해가 얼마나 심각한지, 얼마나 오랫동안 지속돼온 일인지 등을 다각도로 살펴보는 것입니다.

만약 이 사안이 정말 학폭 사안이라고 판단되면 그때는 학폭위를 열게 됩니다. 이것도 학교나 교사가 임의대로 판단하는 게 아니라, 절차에 따라 진행되는 것입니다. 피해학생 측에서 담임교사에게 학폭으로 처리해달라, 빨리 처분 내려주고 그 아이를 전학 보내라, 라고 요구해도 학교에선 그렇게 해줄 수가 없습니다. 처분이 나오는 동안 기다리는 것 말고는 현실적으로 학교가 할 수 있는 부분이 없기 때문입니다. 반대로 가해학생 측에서 억울하다, 우리는 잘못한

게 없다, 학폭위를 열지 말아달라, 라고 해도 그 또한 들어줄 수가 없는 거고요.

그쪽 아이를 직접 만나보는 건요?

지금은 학폭 처리과정에서 가해학생과 피해학생 사이에 분리 조치를 할 수 있게 돼 있습니다. 같은 학급이 아니면 분리 조치가 의미가 없기 때문에 분리하지 않지만, 긴급 분리 조치를 취하게 되면 아이들끼리 같은 교실에서 지내지 않도록 하게 됩니다.

이건 학폭 사안을 객관적으로 공정하게 들여다보기 위한 것이고, 동시에 피해학생을 가해학생으로부터 보호하기 위한 조치입니다. 따라서 아무리 화가 나도 상대 아이를 개별적으로 불러서 따로 만나거나 야단하거나 하시면 안 됩니다. 자칫 상대 부모 측에서 오해하거나 아동학대로 신고할 수도 있기 때문입니다.

이 부분은 매우 주의하셔야 하고, 모든 것은 절차에 따라 진행된다는 점을 믿고, 공정한 판단이 내려지길 바라셔야겠지요.

담임선생님이 문제의 심각성을 모르는 것 같아요

저는 이런 인식은 학폭에 대한 경험에서 오는 차이라고 봅니다. 아마 교사가 아닌 분들이 아이들끼리 싸우는 행동을 본다면 이렇게 말씀하실 겁니다. "세상에 어떻게 초등학생이 저런 행동을 하지? 너무 심한 거 아니야? 요즘 애들 정말 문제라니깐." 혀를 끌끌 차겠지요.

평생을 교단에서 지내온 제가 볼 때는 이런 일은 매일 비일비재하게 교실에서 일어나는 일입니다. 저는 아이들을 순수하고 사랑스러운 존재로도 보지만, 그 이면엔 온갖 사건과 사고를 일으킬 수도 있는 존재로도 봅니다. 그러기에 우리가 오히려 더 사랑해야 하는 존재들이고요. 그 불안정함, 불완전함, 모호함이 아이들에게 법적 보호자가 필요한 이유입니다.

교직 경력이 아무리 짧은 신규교사라고 해도 아이들끼리 다투고 토라지고 다시 놀고 하는 걸 보는 건 일상입니다. 학부모가 경험하는 학폭 사안과는 시작점부터가 다를 수밖에 없습니다.

담임선생님이 너무 냉정하게 이야기해요

교사의 냉정한 태도를 말하는 경우가 있습니다. 하지만 냉정해서가 아니라 객관적이고 중립적인 태도를 최대한 유지하려 애쓰는 것입니다. 학교나 교사가 사안 처리에 개입하지 않아도 되도록 하기 위해 학폭위를 교육청으로 이관했다는 것도 앞에서 설명드렸지요. 교사나 학교는 학폭 사안에 대해서 객관적인 태도를 유지하는 것이 원칙입니다.

사실 학급에서 일어날 수 있는 모든 상황 가운데 가장 껄끄러운 일을 말해보라면 저는 단언컨대 학폭을 꼽을 겁니다. 학폭이라는 것 자체가 무거운 사안이고 아이들 당사자에게 상처가 되는 일이지요. 더군다나 학부모들 사이에서 서로 가해, 피해를 나눠서 언성을 높이고 다툼이라도 한다면 목구멍에 가시라도 걸린 것처럼 마음이 불편할 수밖에 없습니다.

가해학생과 피해학생이 아무리 명확한 사안이라도 일단 자녀 일 앞에서는 어떤 부모도 쉽사리 의견을 접거나 양보하지 않습니다. 제가 교사로서, 또 교감으로서 지난 30년간 겪었던 수많은 학교폭력 사안에서 모든 부모가 똑같이 매서웠고 날카로웠습니다.

이런 사정을 너무나 잘 알고 있지만, 그럼에도 저는 이

책에서 똑같은 이야기를 할 수밖에 없습니다. 아이 키우는 부모 마음으로 서로 조금만 더 헤아려달라고 말입니다. 특히 아무 잘못 없는 교사에게 비난이나 오해가 향하지 않도록 한 번 더 살펴주시기를 진심으로 부탁드리고 싶습니다.

교사로서는 학폭 사안에서 벌어질 수 있는 거의 모든 경우의 수를 알고 있습니다. 최대한 중립적인 입장을 유지해야 하고, 그럴 수밖에 없습니다. 자칫 누군가의 편을 들어 누가 옳네, 누가 잘못했네, 라고 말하는 순간 학부모의 날선 말이 교사에게 날아올 수 있는 데다가 사안이 종결된 상황이 아닌 상태에서 아무 말이나 할 수도 없으니까요.

그래도 학교가 잘잘못을 가려야 하지 않나요?

학폭은 앞에서도 살펴봤듯이 학생들 사이에서 벌어지는 온갖 폭력적인 학교 내외의 상황을 말합니다. 사이버 폭력, 언어 폭력, 신체 폭력, 정서적인 폭력, 따돌림 모두 말입니다. 어른들은 '당연히 누군가 먼저 잘못했겠지, 분명히 시작한 사람이 있을 거야'라고 생각합니다.

그런 인과관계가 명확한 사건도 있지만 많은 경우 그렇게 간단하지만은 않습니다. 초등학교에서 벌어지는 일들은 그 시작이 애매하고, 누군가의 잘잘못을 따지는 것조차 의미 없는 일들도 많습니다.

"그때 네가 먼저 놀렸잖아."

"너도 그 전에 나 째려봤잖아."

"그러는 너는, 너도 점심 먹고 나오면서 욕했잖아."

"너는 아니냐? 너도 수학 못한다고 나 무시했잖아."

이런 식으로 말이 돌고 돌지요.

전에 6학년 아이들 담임했을 때 하도 아이들끼리 싸워서 한 번은 도대체 누가 시작인지 꼬치꼬치 물었던 적이 있습니다. 그랬더니 놀랍게도 유치원 언젠가로 거슬러 올라가더군요. 그것도 아이들 기억이 맞는지 아닌지도 잘 모르겠더라고요.

중요한 것은 아이들은 내일도 모레도 그 다음날도 학교에 온다는 것입니다. 학교에 와서 또 친구들하고 놀고, 또 놀고 또 놀고 할 겁니다. 행복하고 건강한 날들을 보낼 수 있도록 부모와 교사가 한마음으로 아이들을 가르치고 지도해야 합니다. 그것만이 우리가 아이들을 위해서 해줄 수 있는 가장 큰 보살핌이고 사랑입니다.

아이의 학습과 관련해
자주 묻는 질문들을 다뤘습니다.
바르고 지혜로운 사람으로
함께 키우는 방법을
알아볼게요.

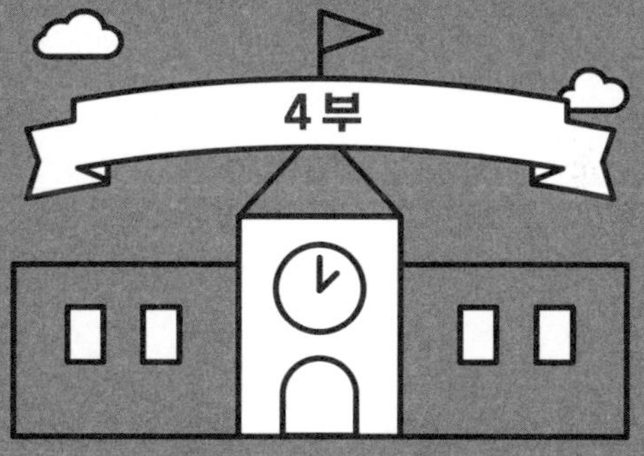

아이 학습이
궁금합니다

예습과 복습
어떻게 해야 하나요?

가끔 공부법 강연을 하고 나면 학부모들에게 듣는 질문입니다. 아이가 공부를 잘하면 좋겠고, 조금이라도 앞서갔으면 하는 바람에서 하는 질문이지요.

학교에서 정상적으로 수업을 따라가고 있다면 교육과정에서 제시하는 일정 수준에는 충분히 도달하기 마련입니다. 교사의 수업 자체가 교육과정을 구현하는 것이고, 교육과정의 도달 정도는 곧 학업성취로 이어지고, 핵심성취 기준에 도달하게 되기 때문입니다. 어떤 과목, 어떤 단원, 어떤 학습에서도 가장 중요한 것이 복습이란 걸 절대 잊으시면 안 됩니다.

제가 학부모와 학생들에게 강조하는 것은 예습과 복습의 일상화입니다. 독일의 심리학자 에빙하우스는 학습 후

시간별 기억 유지율

경과시간	기억 유지율(%)
20분 후	약 58%
1시간 후	약 44%
9시간 후	약 36%
1일 후	약 33%
2일 후	약 28%
6일 후	약 25%
31일 후	약 21%

시간이 지남에 따라 기억이 얼마나 남는지 실험했습니다. 결과는 놀라웠죠.

초등학교에서의 1차시 수업은 40분입니다. 위의 표에 따르면, 20분만 지나도 반 가까이 잊어버린다는 뜻입니다. 하루만 지나도 배운 것의 70퍼센트 정도를 잊어버리고요. 이 빈 기억의 자리를 어떻게 메꿀 수 있을까요? 바로 '복습'입니다. 복습 말고는 답이 없답니다.

복습은 초등 저학년은 물론이고 성인 학습자에게도 너무나 중요합니다. 아무리 배워도 금방 잊어버린다는 것을 염두에 둔다면 아이의 학습에서도 왜 복습을 중요하게 생각해야 하는지 쉽게 이해하실 겁니다.

그럼 어떤 식으로 복습을 해야 할까요?

에빙하우스의 연구를 바탕으로 할 때 가장 효과적인 복습은 사실 답이 정해져 있습니다. 잊어버릴 만하면 복습하고, 다시 잊어버릴 만하면 복습하는 식으로 간격을 두는 것입니다. 학자들은 이걸 이렇게 설명합니다.

배운 것을 10분 이내 복습, 하루 지난 다음 두 번째 복습, 일주일 지난 다음 세 번째 복습, 한 달이 지난 다음 네 번째 복습을 하면 장기적인 기억으로 넘어간다고 말입니다.

아이들이 복습할 때는 문제를 풀어본다거나 글로 써본다거나 말로 설명하게 하는 식으로 기억을 되짚어보게 하는 과정이 필요합니다. 이렇게 하면 어렴풋하게 외우는 게 아니라 확실하게 내 것으로 남게 됩니다.

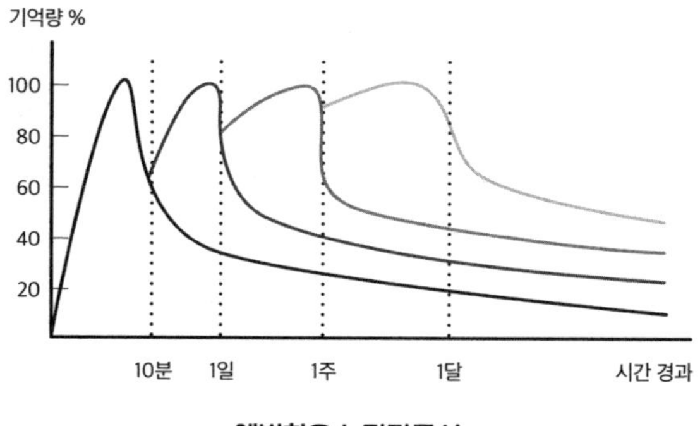

에빙하우스 망각곡선

예습은 어떻게 하는 건가요?

아이들에게 예습을 어떻게 하냐고 물어보면, "그냥 책 읽어보는데요", "문제집 풀어요"처럼 두루뭉술하게 대답하는 경우가 태반입니다. 이건 예습이 무엇인지, 어떻게 하는 것인지 잘 모른다는 뜻이지요. 막연하게 예습과 복습이 중요하긴 한데, 뭘 어떻게 해야 하는지는 잘 모르고 학원에서 보는 테스트만 준비한다는 뜻이기도 하고요.

예습을 미리 학습을 해가는 것으로 오해한다면 학교에 와서 공부를 안 하고 노는 식이 돼버립니다. 예습은 그런 것이 아닙니다.

예습은 미리 눈으로 훑어본다는 개념으로 이해하셔야 합니다. 실제로 학교에 와서 "학원에서 다 배운 거라 재미없어요" 하고 말하는 아이들은 뜻밖에 단원평가에서도 만점을 맞지 못하는 경우가 많습니다. 왜 그럴까요? 예습을 훑어보는 게 아닌, 제대로 학습을 하는 것으로 오해하기 때문입니다. 예습은 이렇게 하는 거예요

1단계 훑어보기

배울 내용을 대충 눈으로 훑어봅니다. 그냥 훑어보라고 하면 뭘 훑어보아야 하는지조차 모르는 아이들이 많습니다.

아래 질문을 미리 알려주고, 이 질문에 대한 답을 찾아보게 하는 정도면 됩니다.

'아, 이번 시간엔 이 정도 배우겠네.'

'오늘 교과서에 이런 단어가 눈에 띄네.'

'이 시간 학습 목표는 뭐지?'

2단계 질문하기

배울 내용과 관련해서 궁금한 걸 한두 개 정도 질문으로 만들어둡니다.

'이 단어는 무슨 뜻이지? 처음 보는 단어네. (또는) 이게 무슨 단어였지? 잘 모르는 말인데… 이따가 물어봐야지.'

'왜 이걸 배우지? 오늘 배울 내용은 무슨 뜻일까?'

3단계 핵심어 확인하기

일반적으로 교과서에는 핵심이 되는 개념어를 눈에 띄게 표시해둡니다. 사회교과서나 과학교과서, 국어교과서는 물론이고 수학교과서도 그렇습니다. 이런 개념어들은 그 시간에 가장 중요한 핵심이면서 꼭 배워야 할 개념입니다.

이 단어들을 밑줄을 긋거나 형광펜으로 표시하기, 또는 빨간색으로 동그라미 치기 등의 활동을 합니다.

4단계 살짝 읽어보기

많이 읽을 필요도 없습니다. 조금만 읽어도 됩니다. 30퍼센트 정도만 읽는다 생각하고 눈으로 빠르게 읽어봅니다.

이 정도가 예습입니다. 저는 반드시 수업을 미리 준비해두도록 아이들을 지도했는데, 앞에서 설명한 예습을 수업 시작 3분 전부터 해야 했기 때문에 저희 반 아이들은 쉬는 시간에 떠들면서 돌아다니거나 장난을 치는 일도 없었습니다. 각자 자리에 앉아서 예습을 했지요. 이게 한 번 습관으로 잡히면 수업에 놀라울 정도로 집중을 잘합니다. 아이들이 공부를 잘하게 되는 순간은 학습에 대한 호기심을 불러일으키는 그 어느 시점을 스스로 느끼는 때거든요.

진짜 학습은 교사와 수업에서 상호작용하면서 교육과정에 파고들 때 일어난다는 것을 잊으시면 안 됩니다. 아이들이 도달해야 할 최종 목표를 가장 잘 알고 있는 것이 교사라는 것도 잊으시면 안 되고요. 이 핵심을 놓치게 되면 '학원에서 미리 배워가면 학교 공부도 알아서 잘하겠지'처럼 낙관하게 되는데, 실제로 성적을 보면 고개가 갸우뚱해지는 경우가 많을 겁니다.

예습은 가볍게 훑어보는 정도의 것입니다. 혹시라도 선행을 하더라도 최대 두 단원 정도면 충분하고요. 다양한 학생들을 가르쳐본 결과, 이 이상 진도를 앞서가면 아이가 정작 학교 수업에 흥미가 떨어지고 재미없어했습니다. 이 점 꼭 기억해주세요.

30

글을 못 쓰는데
논술학원에 보내야 할까요?

선행학습과 관련해서 많이 듣는 질문 중 하나가 글쓰기 학원에 대한 것입니다. 논술학원, 논술과외, 글쓰기학원, 글쓰기 학습지 등 분야도 다양하지요. 그만큼 요즘은 학부모들의 글쓰기에 대한 관심이 갈수록 높아지는 것 같습니다.

저는 그동안 초등학생은 물론이고 성인인 교사에게도 글쓰기를 가르쳐왔습니다. 다양한 연령대에 여러 분야의 관심사를 가진 사람들에게 글쓰기를 가르치다 보니, 몇 가지 공통점이 보였습니다. 이렇게 잡아주셔야 빨리 좋아집니다.

첫째, 길고 모호한 문장을 쓰는 경우입니다.

글과 말은 뿌리가 같습니다. 글이 모호한 아이는 말도 모호합니다. 평소 말하기에서도 이런 아이들은 '이건 이러합니다', '저는 이렇게 생각해요', '제 생각과는 다르군요' 같은 분명한 맺음을 잘 쓰지 않습니다. 대신 '어…', '음…', '에…' 등으로 말하곤 합니다.

글을 잘 쓰려면 어떤 문장이든 좋으니, 반드시 끝을 맺는 표현부터 연습하는 것이 좋습니다. 평소 말을 할 때든, 글을 쓸 때든 똑같이 주의해서 지도해주셔야 합니다.

'나는 이렇게 생각해.'
'왜냐하면 ~ 때문이야.'

가장 좋은 훈련은 위와 같은 2단계 구조의 말하기를 입에 붙을 때까지 연습하는 것입니다. 이건 실제로 논리적인 말하기를 가장 빠르고 효과적으로 훈련하는 방법입니다. 입에 붙으면 그 다음은 글로 옮기는 것입니다. 입에 먼저 붙인 다음, 글로 쓰게 해주세요.

둘째, 주어와 술어라는 문장의 기본 뼈대를 모르는 경우입니다.

이건 성인도 똑같이 나타나는 부분입니다. 주어와 술어는 우리말의 기본 뼈대를 이룹니다.

나는 학교에 간다.
주어　　　　술어

나는 매일 아침을 먹은 다음 학교에 간다.
주어   술어

나는 매일 아침을 먹은 다음, 아파트 입구에서 우리반
주어

지수를 만나서 같이 학교에 간다.
술어

어떤가요. 주어와 술어가 가까이 있느냐, 떨어져 있느냐에 따라 문장의 느낌이 많이 달라지지요.

어디 갔다 와?
어, 학교 갔다왔지.

(너는) 어디 갔다 와?
어, (나는) 학교 갔다왔지.

한국어에선 이렇게 주어를 생략해도 말하는 사람도, 듣는 사람도 무슨 말인지를 이해합니다. 하지만 글쓰기는 사정이 다릅니다. 글에선 주어와 술어를 기본 뼈대로 생각하고 세워줘야 문장이 명확해지고 뜻도 분명해집니다. 다음 문장과 같이 말이지요.

학교에 갔다왔다.

→ 지수는 학교에 갔다왔다.

친구랑 놀이터에서 놀았다.

→ 나는 친구랑 놀이터에서 놀았다.

일기를 쓰면 '나는'이나 '오늘' 같은 말은 모두 빼야 한다고 강조해서 지도하는 경우를 보셨을 겁니다. 물론 틀린 말은 아닙니다. 글쓰기에 익숙해지면 이런 말을 빼고도 글을 술술 쓸 수 있기 때문에 주어를 빼도 괜찮습니다. 하지만 처음 지도할 땐 반드시 문장에서 주어가 무엇인지, 술어가 어디에 있는지, 아이 스스로 알아차리는 과정을 거쳐야만 합니다.

셋째, 긴 글을 써본 적이 없는 경우입니다.

저는 사실 글쓰기를 가르칠 때 목표를 짧은 글쓰기에 두고 가르치지 않습니다. '1천자 이상 글쓰기를 잘하게 되는 것'이라고 정해둡니다. 1천자는 상징적인 것이기도 하지만, 초등 전 과정을 마무리하는 단계에선 이 정도는 쓰는 게 좋기 때문입니다.

그러려면 반드시 문단을 이해할 수 있어야 하고, 문단을 이해하려면 맥락적인 글을 이해할 수 있어야 합니다. 즉,

기초적인 독해력이 필요하다는 뜻입니다. 많이 읽고 충분히 이해할 수 있는 정도의 힘이 갖춰지지 않으면 문단을 나눠서 주제에 맞는 글을 쓰기 어렵겠지요.

이런 까닭에 초등 저학년이나 중학년에서 논술을 잘 쓰지 못하는 것도 사실 자연스러운 일입니다. 논리적인 사고 훈련이 아직 충분히 돼 있지 않은 연령대이기 때문입니다. 논리적인 말하기를 많이 연습해서 입에 붙을 정도가 돼야 고학년 때 논술을 쓸 정도의 독해력과 문장 구조를 파악하는 눈이 생깁니다. 이 원리를 이해해야 논술도 쓸 수 있답니다.

정리하자면 긴 글을 쓰려면 주제문장과 뒷받침문장 사이의 관계를 이해할 수 있어야 합니다. 그러려면 논리적 사고를 할 수 있어야 하고, 논리적 사고를 하려면 그만한 독해의 경험이 쌓여야 합니다. 저절로, 아무렇게나 논리적인 글을 쓰는 게 아니라 꾸준한 언어경험과 독해력이 받쳐줘야 한다는 뜻입니다.

그럼 제일 먼저 무엇부터 해볼까요?

언제

어디에서

누가

무엇을

어떻게

왜

혹시라도 욕심을 내서 긴 글을 써보고 싶다면, 육하원칙에 맞는 글쓰기부터 시작해보세요. 이 여섯 가지에 맞는 내용만 잘 써도 글이 쑥 길어집니다.

나는 학교에서 술래잡기를 했다.

이 문장에는 누가, 어디에서, 무슨 일을 했다는 것만 들어 있습니다. 여기에 나머지 정보들을 다 채워주면 어떻게 달라질까요?

나는 오늘 점심시간에 학교에서 친구들이랑 술래잡기를 했다.

누가, 언제, 어디에서, 무슨 일을 했다는 정보가 드러나는 글이 되었습니다. 여기에 빠진 정보는 뭘까요? 어떻게, 왜 했는지에 대한 이야기가 빠졌지요. 이제 바로 그 정보를 더 채워주면 됩니다. 그래서 어떻게 됐는지 물어보는 정도만 해도 아이가 술술 대답해줄 겁니다.

나는 오늘 점심시간에 학교에서 친구들이랑 술래잡기를 했다. 왜 하게 됐냐면 친구 지수가 먼저 술래잡기를 하자고 했기 때문이다. 그래서 술래잡기를 하게 됐다. 하도 뛰어다녔더니 더웠다.

어떤가요. 정보 몇 개만 추가해도 쑥 늘어나지요? 이 요령을 정확하게 이해하고 나면 글을 쓰는 게 더는 어렵거나 복잡하게 느껴지지 않을 겁니다. 오히려 재미있고, 쉬워지지요.

저는 보통 여기에서 한 걸음 더 나아가서 따옴표 넣기, 의성어나 의태어 넣기 등을 함께 지도하곤 합니다.

"수민아, 너 술래잡기 할래?"
점심시간에 지수가 물어봤다.
"누구랑?"

나도 지수에게 물어봤다.

"너하고 나, 연우 셋이서 같이. 너도 할래?"

연우가 나를 쳐다보고 있었다.

"어, 나도 할게."

내가 고개를 끄덕였다.

"그럼, 바로 운동장으로 나와."

나는 연우랑 지수랑 같이 운동장에서 술래잡기를 했다. 하도 뛰어다녔더니, 땀이 줄줄 날 만큼 더웠다.

이 정도만 돼도 원고지 2장 분량의 글이 됩니다. 이런 경험이 몇 번만 쌓여도 원고지 3~4장을 채우는 건 쉬워지지요. 이 약간의 분량을 쌓는 훈련을 반복하면 나중엔 주제가 분명한 논술을 쓰는 일도 쉬워집니다. 아이가 글 쓰는 일 자체를 쉽게 느끼고 재밌게 접근할 수 있게만 된다면 그 다음엔 얼마든지 논술도 쓸 수 있답니다.

누구나 할 수 있나요?

누구나 할 수 있습니다. 정말로요.

저는 하도 많이 가르쳐서 아이 글 몇 편만 봐도 대충 어느 정도 수준의 글을 쓰는지 짐작할 수 있습니다. 아이 글도 자꾸 읽어보고 고민해봐야 조언도 해줄 수 있습니다. 섣부른 판단을 하기보다는 함께 머리 맞대고 이야기도 나누고, 격려도 해주세요. 처음엔 누구나 어설픈 글을 쓰지만, 그동안 가르쳐본 경험으로 봤을 때 초등학생만큼 글이 빠르게 느는 성인을 저는 본 적이 없답니다.

31

독해력이 부족해서
글을 잘 못 읽어요

독해력은 잘 읽는 힘을 말합니다. 독해란 무슨 뜻인지 이해하는 것을 말하고요. 즉, 쉽고 빠르고 정확하게 읽을 수 있는 것을 독해력이라고 합니다. 글을 잘 읽는 사람은 정말로 빠르게 읽고 금방 이해하는데, 이건 하루아침에 되는 건 아닙니다. 오랜 시간 글을 읽고 써보고 질문하고 생각하는 과정을 숱하게 반복했기 때문에 잘 읽고 잘 이해하는 것뿐입니다. 반대로 생각하면 누구나 그 과정을 반복하면 잘 읽게 되는 것이기도 하고요.

결국 독해력을 빠르게 올리는 지름길을 찾는 것은 오히려 돌아가는 길이 될 수밖에 없습니다. 독해력이란 꾸준히, 많이 읽다 보면 자연스레 좋아지는 것이지만, 또 안 읽고 내버려두면 스르르 내려가는 것입니다. 초등 시기에는 독해력

에 집착하기보다 책을 즐겨 읽는 태도와 주의 깊게 읽는 방
법을 지도해주시는 게 좋습니다. 즐겨 읽지 못한다면 책을
읽으려 하지 않기 때문이지요.

부족한 독해력을 키우려면
어떻게 해야 할까요?

그럼에도 아이의 독해력이 부족하다고 혹시라도 느껴진다
면 책을 읽으면서 문장의 뼈대를 파악하는 연습을 하면 좋
습니다. 이 훈련을 해두면 나중에 길고 복잡한 글을 읽어도
눈에 문장 구조가 쏙쏙 들어옵니다. 문장 단위로 끊어 읽던
것이 나중엔 단락 단위로 읽게 됩니다.

"아마존 열대우림에서 외부와의 접촉을 끊고 살아가
는 원시부족 원주민이 스스로 지역 주민에게 찾아온
보기 드문 상황이 펼쳐졌다. 지난 16일(현지시간) AP통
신 등 외신은 아마존 남서부 푸루스 강에 위치한 벨라
로사 지역에서 아마존 원주민과 지역 주민들 간의 희
귀한 만남이 이루어졌다고 보도했다."●

예를 들면, 독해력이 부족한 아이들은 이런 글을 보면 어떻게 읽을까요?

아마존/ 열대/ 우림/ 에서/ 외부/ 와의/ 접촉/ 을/ 끊고/ 살아가는/ 원시/ 부족/ 원주민/ 이/ 스스로/ 지역/ 주민/ 에게/ 찾아온/ 보기/ 드문/ 상황/ 이/ 펼쳐/ 졌다.

이런 식으로 끊어서 읽습니다. 반면, 독해를 잘하는 아이라면 이렇게 읽을 겁니다.

아마존/ 열대우림에서/ 외부와의 접촉을/ 끊고 살아가는/ 원시부족/ 원주민이/ 스스로 지역 주민에게 찾아온/ 보기 드문 상황이/ 펼쳐졌다.

더 잘 읽는 아이라면 이렇게 읽겠죠.

아마존 열대우림에서 외부와의 접촉을 끊고 살아가는 원시부족 원주민이/

● "아마존 원주민 나홀로 주민 접촉", 2025년 2월 17일, 나우뉴스

스스로 지역주민에게 찾아온/

보기 드문 상황이 펼쳐졌다.

덜 끊어 읽는 아이가 읽는 속도가 빠를 거라는 것은 누구나 짐작할 수 있을 겁니다. 이런 식의 읽기가 의미 단위 읽기입니다. 단어, 단어, 단어로 끊어 읽는 것이 아니라 문장 단위, 글의 흐름 단위로 읽는 것을 말하지요.

수능 독해를 잘하기 위해선 의미 단위로 읽어야 한다는 표현을 EBS 강사들이 종종 하는데요, 그때 말하는 의미 단위 읽기가 바로 이런 것입니다. 고등학교 가서 의미 단위 읽기를 훈련하는 경우와 초등학교 때부터 의미 단위 읽기를 훈련하는 경우는 읽기 속도에서 하늘과 땅만큼이나 차이가 난다는 점도 기억해두시면 좋겠지요.

의미 단위 읽기는 어떻게 훈련하나요?

이렇게 읽으려면 일단 무슨 뜻인지 모르는 단어가 없어야 합니다. 만약 여기에서 '원시', '부족', '열대우림', '접촉', '보기 드문' 같은 단어들을 잘 모른다면 의미 단위 읽기는 애초에 어렵겠지요.

또한 배경지식도 있어야 합니다. 머릿속에 그림을 그리듯이 아마존 열대우림이 어떤 환경인지 좌르륵 펼쳐져야 합니다. 아마존 열대우림에 사는 원시부족의 한 남자가 갑자기 외부인을 찾아가는 장면 말입니다. 이런 식의 독해가 돼야 의미 단위 읽기도 가능해지는 것입니다.

당연히 하루아침에, 갑자기 확 좋아지는 것이 아니겠지요. 시간이 걸리는 일이고, 오랜 시간 투자해서 얻어지는 것이라고 보셔야 합니다. 자주 반복해서 읽고 훈련하는 습관을 들여야만 합니다. 가정에서는 의미 단위 읽기를 의도적으로 지도해주셔도 좋습니다.

아마존/ 열대우림에서/ 외부와의 접촉을/ 끊고/ 살아가는/ 원시부족/ 원주민이/…

이런 식으로요. 이게 반복되면 나중에 아이 스스로도 글을 읽으면서 머릿속에 의미 단위를 만들게 됩니다. 물론 의미 단위 읽기도 가능해지고요.

육하원칙 정보 찾기는 의미 단위 읽기에서도 아주 유용한 읽기 전략입니다.

그래서 **어디에** 산다는 거지?

→ 아마존 열대우림에서 산다는 거야.

(문장으로 대답하기)

누가?

→ 원시부족 원주민이 산다는 거지.

(문장으로 대답하기)

왜 원주민이 갑자기 밖으로 나왔을까?

→ 그건 아직 모르겠어. 여기까지만 봐서는 모르겠어.

(문장으로 대답하기)

그럼 **어떤 일**이 벌어질 거 같니?

→ 배고프다고 먹을 걸 달라고 할 거 같아.

(문장으로 대답하기)

이 정도만 문답을 해도 정보를 잘 찾는지 못 찾는지 알 수 있습니다. 잘 못 찾는다면 손가락으로 짚어주면서 이야기를 나눠보는 것만으로도 도움이 됩니다.

32

우리 아이는
공부머리가 아닌 것 같아요

공부를 못하기로 손에 꼽던 고등학생이 있었습니다. 고2에 올라가면서 공부를 포기해버린 다음, 1년 넘게 공부를 손에서 놔버린 상태였지요. 모든 과목의 성적이 고르게 나쁘기도 했고, 어떤 과목은 도저히 가능성이 없어 보일 정도로 심각하게 점수가 안 좋기도 했습니다.

누가 봐도 대학 문턱을 넘기란 하늘의 별따기였던 아이였습니다. 현실적으로 아이의 담임교사는 물론이고 과목 교사들 모두가 그 아이가 대학을 갈 거라고는 아무도 생각하지 않았습니다. 심지어 아이 본인조차도요.

진학 상담을 하는 고3 담임교사가 "너도 열심히 하면 지방에 있는 전문대 정도는 갈 수 있을 것 같기도 하다"는 애매한 위로를 했을 때 뭐라 대답할 말도 없었습니다. 그게 사실이고, 너무나 냉엄한 현실이었으니까요.

어쩌면 그다음 어떻게 됐는지는 별로 안 궁금하실지도 모르겠습니다. 전교 꼴찌를 하던 학생이 어떤 인생을 살지 우리 대부분은 미루어 짐작할 수 있으니까요.

하지만 그 아이는 그해 전교 9등까지 성적을 끌어올려서 다음해에 원하던 대학에 갔고, 교사가 됐고, 대학 때는 전체수석을 할 정도로 공부도 잘했습니다. 교사가 돼서는 아이들 가르치던 이야기를 글로 써내기 시작했고, 이내 38권의 책을 쓴 작가가 됐습니다. 그리고 이 책을 쓰고 있지요.

바로 제 얘기입니다.

저는 고2 때 1년 동안 모든 시험을 찍었습니다. 모든 문제를 같은 번호로 찍어서 내기도 하고, 가끔은 백지 답안지를 내기도 했습니다. 늦게 찾아온 사춘기 때문에 할 수 있는 한 최선을 다해서 삶을 엉망으로 만드는 중이었지요. 책 읽고 글 쓰는 것 말고는 삶에 아무런 관심이 없어서, 한 달에 책을 백 권씩 읽으면서도 대학에 갈 생각이 없었습니다.

그랬던 제가 공부하기로 마음먹었을 때 현실은 저에게 말해주었습니다. 완벽하게 불가능하다고요. 그 시절, 저에게 할 수 있다고 말해준 단 한 사람이 바로 저의 어머니였습니다. 세상 모든 사람이 아니라고 말하는데, 딱 한 사람 엄마만 자식을 믿어준 겁니다. 어머니가 아니었다면 제가 이 자리에 있을 수 있었을까요? 단언컨대 없습니다.

부모란 결국 그런 존재입니다. 믿어주고, 끝까지 기다려주는 존재 말입니다. 아이 앞에서 길을 닦는 게 아니라, 옆에서 같이 걸어주는 존재요.

공부는 재능 아닌가요?

지금부터 공부는 포기하고 기술을 배우면 어떻겠냐, 안 믿으실지 몰라도 그 시절 여러 교사에게 실제로 제가 들었던 말이기도 합니다.

지금도 많은 사람이 말합니다. 공부는 재능이고, 머리는 타고나는 거고, 잘하는 애는 따로 있다고. 그런데 혹시 아시려나 모르겠습니다. 공부를 진짜로 잘하는 이들은 그런 말을 하지 않습니다. 그런 말 할 시간이 있다면 분명 공부를 하고 있지요.

그 시절에 제가 처한 현실을 바라보았다면 저는 아마 이 자리에 없을 겁니다. 이런 책을 쓰고 있지도 않을 거고, 아이들을 가르치는 선생이 되지도 못했을 겁니다. 근데 저는 아무것도 보지 않았습니다. 그냥, 닥치고 공부를 했을 뿐입니다. 할 수 있을까, 생각도 하지 않았습니다. 그런 생각할 시간에 단어를 하나라도 더 외우려 했습니다.

숨 쉬는 시간을 빼면 공부만 하면서 1년을 꼬박 뒤처진 공부를 따라잡은 다음 제가 깨달았던 건 딱 하나입니다. '전교 꼴찌였던 내가 했다면 세상 누구도 한다'였습니다. 그 믿음으로 아이들을 가르쳤고, 제가 가르쳤던 아이들 거의 모두 학습 부진에서 구해냈습니다. 누구나 공부를 잘할 수 있다는 확실한 믿음 같은 게 제 안엔 있고, 그걸 아이들을 통해 무수히 많이 증명해오면서 그 믿음은 이제 확실한 신념으로 완벽하게 자리를 잡았습니다.

공부는 참으로 공평한 것이기에 원리를 알면 누구나 잘할 수 있습니다. 많이 읽고, 읽은 만큼 써보고 말로 내뱉어보는 것, 배운 것에 대한 꾸준한 연습과 반복, 충분한 개념의 이해, 기본적인 지식에 대한 완벽한 암기, 이게 다입니다. 이걸 이해하면 누구나 잘하는 게 공부입니다.

잘 못하는 과목이 있다면 시작점을 빨리 찾아야 합니다. 분수를 못하는 아이가 곱셈이나 나눗셈에 문제가 있는 경우는 허다합니다. 이 시작점을 엉뚱한 데서 찾으면 학원을 하나 다니던 걸 두 개 다닌다거나 선행학습을 더 많이 시킨다거나 하는 일이 생깁니다.

안타깝지만 숱한 아이들이 그렇게 시간을 허비합니다. 그게 아니라 정확하게 문제가 생긴 그 지점을 찾아서 거기부터 새로 시작해야 합니다. 저는 공부를 다시 시작했을 때, 고1 교과서부터 다시 공부했습니다. 이런 마음으로 하지 않으면 절대 못 따라잡습니다.

6학년을 담임하면서 수학을 못 하는 아이들에게 한 자리 수 더하기 한 자리 수 계산부터 시켰습니다. 처음엔 아이들 스스로 어이없어했습니다. 나이가 몇인데 5 더하기 3 이런 걸 하냐고 하더군요. 나중엔 이 모든 게 차곡차곡 쌓여서 실력이 된다는 걸 아이들이 먼저 깨달았지요. 믿고 따르기 시작했고요.

공부에 대해 쓴소리 한 마디 해주세요

공부에 대해 쓴소리를 해달라는 학부모가 가끔 있습니다. 제가 이런 공부의 가장 핵심적인 이야기를 아무리 해드려도 대부분의 학부모가 잘 안 믿습니다. 이런 노력이 쌓여야 한다는 설명보다는 공부 잘하는 요령이나 팁을 구하려고 합니다. 그런 게 있으면 세상에 공부법 책이 그렇게 많지 않았겠지요. 저는 한국에서 출판된 거의 모든 공부법 책을 읽었습니다. 요즘도 가장 즐겨 읽는 게 공부법 책입니다. 저 자신도 공부법 책을 두 권이나 썼고요.

저는 어떤 책에서도 왕도 같은 게 있다는 이야기를 본 적이 없습니다. 모두가 똑같이 말합니다. 열심히 외우고, 연습하고, 반복하고, 잘할 때까지 테스트하라고요. 이러면 쉽다, 이러면 빠르다, 같은 말을 하진 않아요. 공부법 책을 쓸 정도면 사실 어느 정도 공부에 대해 도통하기 마련입니다. 그런 사람들은 저와 똑같이 일관되게 주장해요. 이게 공부의 핵심 원리라고요.

공부는 잘하기까지 시간이 걸립니다. 그것도 아주 오래. 피아노도 잘 치려면 시간이 걸립니다. 그것도 아주 오래. 운동도 잘하려면 시간이 걸립니다. 그것도 아주 오래. 그 오랜 시간 기본기를 닦는 겁니다. 그러니 부디 요령을 가르치지 말고, 정도를 가르쳐주세요. 기본기를 닦는 데는 시간이 오래 걸리기 마련이지만, 그 오랜 시간을 잘 버틴 아이는 반드시 기대 이상의 성과를 냅니다.

기초 연산도 잘 못하는 아이가 사고력 수학 문제를 푼다거나 책도 잘 이해하지 못하는 아이가 독해력 문제집을 푸는 일은 제가 볼 때 가장 어리석은 공부 방법입니다. 참 안타깝지만, 기본기 없이 응용 버전을 해결하려 하는 욕심에서 비롯되는 것입니다.

공부머리라는 말을 믿거나 기대하지 마세요. 그런 말 할 시간에 같이 책이라도 한 장 더 보고, 글이라도 제대로 한 줄 써보게 하세요. 학원 숙제 하면 학교 공부 안 해도 된다는 생각이 가장 위험합니다. 학원이 먼저고, 학교가 나중에 생긴 게 아닙니다. 학교 공부 잘하려고 학원이 생겨났다는 걸 잊으시면 안 됩니다.

국어 공부
어떻게 잘할 수 있나요?

초등학교의 교육과정은 내용이 복잡하거나 많이 어렵진 않습니다. 솔직히 누구나 가르칠 수 있어 보일 정도지요. 그런데 여러분도 짐작하실 겁니다. 간단하고 쉬워 보이는 내용이라 하더라도 어떤 식으로 수업에 녹여내느냐 하는 것은 전혀 다른 문제입니다. 초등학교 교사들은 이 교육과정을 어떻게 수업에 녹여낼지를 누구보다 잘 아는 전문가들이랍니다.

학교에서 선생님의 수업에 집중해서 모든 시간을 충실하게 잘 참여하는 것이야말로 공부의 시작이라는 점, 다시 한번 강조합니다. 학교 공부를 우습게 알면서 나중까지 공부를 잘하는 아이를 저는 교직 경력 29년 동안 단 한 명도 본 적이 없답니다.

국어를 잘한다는 것은 결국 무슨 내용인지 잘 이해하는 것입니다. 읽은 내용을 잘 이해하는지 묻는 문제에 정확하게 답할 수 있다면 국어는 잘할 수밖에 없습니다. 못하고 싶어도 못할 수 없습니다.

기본적으로 많이 읽어본 아이, 활자와 친한 아이가 잘합니다. 이건 상급학교로 올라가도 변함이 없습니다. 오히려 나중에 시간이 흐를수록 텍스트와 친하지 않은 것에 대해 땅을 치고 후회하게 되지요. 엄청나게 긴 지문을 한 호흡으로 쭉 읽어내려가고 답을 찾는 방식이기 때문입니다.

문학과 비문학 공부 나눠서 해야 할까요?

고등학교 학생들이 공부하는 수능 국어영역의 시험문제들을 보면 비문학과 문학 두 가지 텍스트로 나뉘어 있다는 것을 쉽게 알 수 있습니다. 비문학은 설명하는 글, 주장하는 글, 정보를 전달하는 글 등으로, 쉽게 말해 스토리가 없는 글입니다. 반면 문학은 스토리가 있는 글이고요. 비문학과 문학은 공부하는 방법이 전혀 다릅니다. 이 다름을 이해하지 못하면 안타깝지만 아무리 공부해도 국어 점수가 안 나와서 헤매게 됩니다.

저는 지금까지 문학 책인 동화나 에세이를 14권, 비문학 책을 24권 썼습니다. 사실 문학을 쓰는 작가가 비문학 책을 쓰는 경우는 드뭅니다. 반대로 비문학 책을 쓰는 작가가 문학을 쓰는 경우도 드뭅니다. 작가로서는 두 분야가 전혀 다른 성격의 글이기 때문입니다.

지금부터 제가 하는 설명을 여러 번 곱씹어보시길 바랍니다. 저는 비문학 책을 쓸 때는 독자가 글을 읽고 중심 내용을 잘 이해해주길 바라면서 최대한 쉽게 쓰려 노력합니다. 그런가 하면 문학 책을 쓸 때는 독자가 이야기의 흐름을 잘 따라와주길 기대하면서 씁니다. 주인공이 왜 그런 선택을 했는지, 언제, 어디에서 벌어지는 일인지를 글로 그림 그리듯이 쓰지요.

문학은 짧든 길든 상관없이 이야기의 흐름이라는 게 있습니다. 시간이나 공간이 바뀌면서 주인공이 무언가를 행동하는 게 스토리가 있는 글입니다. 스토리가 있는 글을 잘 이해하려면 바로 이 이야기의 흐름을 이해할 수 있어야 합니다. 어떤 식으로 이야기가 전개되는지를 이해해야 한다는 뜻입니다. 이 분석과 파악이 되면 당연히 국어 시험은 잘 보게 됩니다. 이걸 따라잡는 가장 쉬운 방법이 작가처럼 머리에 그림을 그려보는 겁니다.

놀부의 아내가 흥부의 뺨을 딱 소리가 나게 때렸다.

"아얏, 어, 혀, 형수님…."

흥부가 뺨을 감싸쥐면서 놀란 눈으로 놀부 아내를 쳐다보았다.

"흥, 어디 감히, 거지 주제에, 우리집에 들어와."

"아니, 혀, 형수님."

흥부는 눈물이 날 것 같았지만, 볼에 붙은 밥풀을 만지작거리면서 말했다.

"형수님, 이, 이쪽도 한 대 때려주십시오. 저희 아이들 밥풀이라도 좀 가져다주게 말입니다. 흐흐흑."

"흥, 그래? 그럼 어디 한 번 맞아보시우."

놀부 아내는 기다렸다는 듯이 다시 한 번 뺨을 올려붙였다. 주걱이 지나간 자리에 찰싹 소리가 났다.

어떤가요. 저는 이 글을 머리에 그림을 그리면서 썼습니다. 작가인 제가 머릿속에 그렸던 그림(장면)이 독자인 여러분의 머리에도 그려졌다면 그 자체로 이미 문학을 잘 읽어낸 것입니다. 읽고 머릿속에 그림을 그려보는 훈련을 자주 하면 빠르게 독해실력이 늡니다. 이야기를 읽고 요약하기, 줄거리 말해보기, 앞으로 어떤 일이 벌어질 것 같은지 예측하기 등의 질문과 답을 주고받는 것이 매우 중요합니다.

두 번째 글도 보겠습니다.

놀부의 아내가 주걱으로 흥부의 뺨을 1회 때렸다. 흥부가 돈을 빌려달라고 한 말에 흥분한 것으로 추측된다. 그러나 흥부는 흥분하지 않고 오히려 놀부의 아내에게 한 대 더 때려달라고 말하였다. 놀부의 아내가 뺨을 때리는 데에 사용했던 주걱에 묻은 여러 개의 밥풀을 집으로 가져가기 위해서였을 것으로 보인다.

똑같은 내용이지만, 느낌이 전혀 다르지요. 이게 비문학적인 글입니다. 비문학적인 글을 잘 읽기 위해서는 글에서 전달하려는 정보(주장)를 정확하게 찾아낼 수 있어야 합니다. 특히 누가, 언제, 어디에서, 무엇을, 왜 했는지에 대한 기본 정보를 읽어내는 것이 먼저입니다. 짧은 글을 읽어도 늘 육하원칙에 근거해서 정보를 정리하는 읽기를 습관화하는 것이 좋습니다.

'흥부를 때린 것은 누구였지?'
'왜 그런 행동을 했을까?'
'흥부는 왜 화를 내지 않고 오히려 한 대 더 때려달라고 했을까?'

이런 질문들은 비문학이든 문학이든 기본적인 읽기 훈련에 특히 좋습니다. 독해능력을 기르기 위해 특별한 노력을 기울이기보다는 평소에 읽은 것을 자주 입으로 설명해보고, 글로 다시 풀어 써보고, 짧은 글이라도 읽은 걸 다시 내뱉어보는 식으로 머릿속으로 정리하는 습관을 들여주는 것입니다.

아이가 비문학은 재미없다고 안 보려 해요

비문학을 어렵게 생각하는 분이 많은데, 비문학은 기본적으로 설명과 정보를 위주로 하는 글입니다. 생활 속에서 작은 정보를 찾아보는 것만으로도 기본적인 독해실력을 기를 수 있습니다.

열차 승차권이나 조제약 봉투만 보더라도 여러 가지 정보가 들어 있지요. 열차 승차권 한 장만 가지고도 다양한 독해 연습을 할 수 있습니다.

'언제 승차권이지?'
'어디에서 어디로 가는 것이지?'
'좌석은 어디지?'

‘출발시각과 도착시각은 언제지?’
‘목적지는 어디일까?’
‘순방향은 무슨 뜻일까?’
‘기차표를 사는 데 든 돈은 얼마일까?’

이 모든 정보를 읽어내는 것이 독해입니다. 얼마든지, 누구나 해볼 수 있는 것입니다. 어렵지 않지요.

사고력 수학은
언제부터 하는 건가요?

많은 초등학생 학부모가 사고력 수학을 시키고 싶어 합니다. 아무래도 아이들이 단순한 연산 문제만 푸는 게 아닌 좀 더 생각도 해보고 풀이과정도 작성하는 식의 문제를 풀면 좋을 것 같다고 생각하기 때문이겠지요. 그런데 제 생각은 조금 다릅니다.

사고력 수학은 그냥 풀 수 있는 문제가 아니라, 기본 개념과 연산에 대한 충분한 연습이 된 다음에야 할 수 있는 것입니다. 시중에 나와 있는 많은 수학 문제집이 서술형 문제를 제시하고 있지만, 사실 이 모든 문제의 기본은 결국 기본적인 개념의 이해와 충분한 연산 연습에서 비롯됩니다. 이런 기본기를 소홀하게 다뤘을 때 결과는 생각보다 훨씬 냉혹하게 드러난다는 점을 잊지 않으셨으면 합니다.

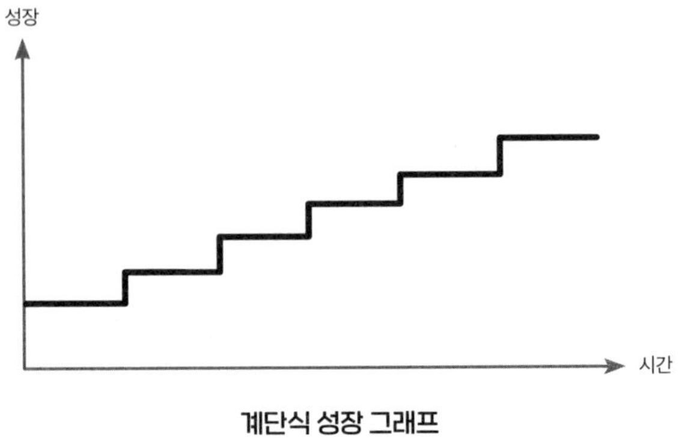

계단식 성장 그래프

공부는 위 그래프처럼 일정한 정체의 구간을 지나게 돼 있습니다. 눈에 띄지 않지만, 조금씩 실력이 느는 구간입니다. 이 구간을 지나면 레벨이 한순간 업그레이드 되는 것처럼 보이는 구간이 등장합니다. 실력이 늘었다, 전보다 잘한다, 갑자기 쑥 늘었다, 라고 말하는 구간입니다.

이 구간을 지나면 다시 정체기가 옵니다. 전에는 잘하더니 요즘은 왜 이 모양이냐, 학원을 옮겨야 하냐, 고민하는 때라고 볼 수 있습니다. 흥미로운 것은 다시 또 이 구간을 지나고 나면 불쑥 성장하게 된다는 것입니다. 아이러니하게도 이런 패턴을 계속 반복하면서 실력이 늡니다. 정말 흥미롭지 않나요.

이 정체구간을 가장 자주 만나는 것이 바로 수학입니

다. 초등학교에서 수학을 잘하는 아이들을 보면 대부분 굉장히 긴 시간 연산 문제를 풀어왔다는 공통점이 있습니다. 다만, 연산은 단순한 문제가 대부분인 데다가 계속 똑같은 문제의 반복이기 때문에 실력이 느는지 잘 드러나지 않습니다. 답답할 정도로 지루한 반복, 반복, 반복이지요.

이 반복을 참고 견디지 않으면 실력이 느는 구간은 절대 못 만납니다. 정체구간, 실력 업그레이드 구간, 다시 정체구간, 업그레이드 구간의 연속이기 때문입니다. 이건 공부의 원리이고, 상급학교로 올라갈수록 학생들이 가장 힘들어하는 과목이 되어버리고 마는 수학이라는 과목의 가장 큰 특성이랍니다.

이 부분을 염두에 두고, 아이들에겐 수학을 잘하기 위해서는 일정 부분 지루하고 재미없는 반복을 거듭한다는 것을 미리 알려주는 게 좋습니다. 이때도 그냥 내버려두고 참아라, 견뎌라 하기보다는 아이들이 좋아하고 흥미로워하는 다양한 방법을 시도해보는 게 좋습니다.

아이가 수학을 좋아하게 하려면 어떻게 할까요?

수학을 좋아하게 만들려면 정말 다양한 방법을 시도해야

합니다. 초등학교에서 교사들이 수학 수업을 준비할 때도 그냥 대충 수업하는 게 아닙니다. 여러 가지 방법과 교수법을 이용해서 아이들을 수학의 세계로 끌어들인답니다.

예를 들면, 수학 동화로 수학 이야기를 접근하게 한다거나, 구체적인 조작물을 가지고 다양하게 노는 경험을 하게 한다거나, 여러 가지 다양한 유형의 문제들을 풀어보게 하는 식입니다.

우리 생활에서 만나는 수학을 일상생활 속 수학이라고 해서 요즘은 모든 교과서에서 중요하게 다루고 있습니다. 생활 속 수학을 가볍게 생각하지 말고, 이 역시 평소에 자주 문제를 접해보게 하는 편이 좋습니다. 저는 자동차 번호판을 이용해서 암산해보게 하는 식으로 매일 아침 자습문제를 내주곤 했습니다. 아이들의 암산 실력도 키워주고, 생활 속에서 수학 문제도 생각해보게 하는 좋은 방법입니다.

341나 1746

앞의 3+4+1=8
1+7+4+6=18
17+46=63

수학 교구들을 이용하는 것도 좋습니다. 가정에서는 이런 수학 교구를 일일이 사서 구비해두기 어렵지만, 요즘 초등학교 교실에서는 다양한 수학 교구를 이용한 수업을 자주 합니다. 교사가 이용하는 수학 교구들을 충분히 갖고 놀게 해주는 것만으로도 수학에 대한 흥미를 잃지 않습니다.

그것도 구태여 비싼 돈을 주고 사기보다는 모형시계, 바둑알, 색종이, 단추, 실매듭 등을 이용해서 문제를 풀어보게 하는 것이 더 좋습니다. 실제로 학급에서도 익힘책 문제들이나 수학 문제집을 바로 풀게 하면 헷갈려 하는 아이도 이런 구체물을 가지고 충분히 놀아보게 한 다음 풀어보게 하면 문제를 한결 덜 틀리는 것을 확인할 수 있습니다.

수학 문제집은 어떤 게 좋은가요?

수학 문제집도 출판사를 보고 고르기보다는 아이에게 맞는 문제집인지 살펴보고 고르는 게 좋습니다. 어떤 아이는 시각적인 그림이나 만화가 많이 들어가는 걸 좋아하는 반면 어떤 아이는 구체물을 조작하게 하거나 스티커를 붙여보는 식으로 손으로 만지작거려야 이해를 잘하는 경우도 있습니다. 아이와 함께 서점에 직접 가서 살펴보고 아이 마음에 쏙

드는 걸로 골라주시는 게 좋습니다.

특별히 어려워하는 개념이 있다면 그건 실제 학년보다 낮은 학년 문제집을 풀게 해주는 것도 도움이 됩니다. 예를 들어서 분수의 나눗셈을 어려워한다면 자기 학년의 문제집으로 분수의 나눗셈을 푸는 것이 아닌, 학년을 낮춰서 전년도 문제집의 해당 단원을 찾아서 풀게 하는 식입니다.

이런 식으로 학습 부진의 구멍을 찾아서 메우는 식으로 공부를 시켜야 아이가 잘 못하는 부분을 보완할 수 있게 됩니다. 참고로 저는 학생들에게 평소에 두 개 이상 수학 문제집을 사뒀다가 해당 단원에서 필요하거나 잘 어울리는 구성이 되어 있는 문제집을 골라서 풀어보게 해서 문제집마다 서로 강점이 되는 부분을 최대한 이용하는 식으로 풀게 했습니다.

아이가 잘 못하는 단원이 있고, 잘하는 단원이 있을 겁니다. 단원평가 80점 이하 단원은 잘 못하는 단원입니다. 이런 단원에서는 분명 충분한 연습이 이루어지지 않았거나 개념을 덜 이해하고 넘어갔거나 한 것입니다.

개념에 대한 완벽한 이해와 절대적인 연습량을 채우는 마음으로 천천히, 꾸준히 진행해야 합니다. 특히 어려운 문제를 미리 많이 풀면 수학을 잘할 거라고 막연하게 기대하시면 안 됩니다. 아이의 수준에서 너무 어려운 문제를 풀다

보면 이해를 못하는 상태로 대충 답을 외워서 맞추는 식으로 문제를 풀게 됩니다. 멀리 보고, 천천히 아이와 함께 걸어 주시면 좋겠습니다.

초등학교를 읽어드립니다

© 김성효, 2026

초판 1쇄 펴낸날 2026년 2월 9일

지은이 김성효
펴낸이 배경란 오세은
펴낸곳 라이프앤페이지
주소 서울시 종로구 새문안로3길 36, 1004호
전화 02-303-2097
팩스 02-303-2098
이메일 sun@lifenpage.com
인스타그램 @lifenpage
홈페이지 www.lifenpage.com
출판등록 제2019-000322호(2019년 12월 11일)
디자인 디자인규, 이민재

ISBN 979-11-91462-42-5 (13590)

* 저작권법에 의해 보호를 받는 저작물이므로 무단전재와 복제를 금합니다.
* 이 책 내용의 일부 또는 전부를 이용하려면 반드시 저작권자와 라이프앤페이지의
  서면 동의를 받아야 합니다.
* 이 책의 본문은 '을유1945' 서체를 사용했습니다.